北京地区常见蝗虫原色图谱

赵　昆　张欣杨　尹学伟　张　龙　编著

中国农业大学出版社

·北京·

内容简介

蝗灾自古以来就是严重威胁我国农牧业生产的重要灾害，而且蝗虫作为生态环境中食物链的重要环节，对于保持生态平衡也具有重要作用。因此，普及蝗虫的知识对于蝗灾的防治和生态平衡的保护具有重要意义。

为此，作者采集了北京地区常见蝗虫，鉴定之后，编辑成本书。书中介绍了北京地区20种常见蝗虫的形态学鉴别特征，并且简要地介绍了这些蝗虫的生物学。该书采用通俗易懂的语言、精美的原色蝗虫全身图和局部形态图，便于读者简捷、准确地辨识蝗虫种类。

本书可为昆虫学工作者、大专院校生物系和植物保护系师生以及农、林、牧业和蝗虫测报防治科技工作者提供参考。

图书在版编目（CIP）数据

北京地区常见蝗虫原色图谱 / 赵昆，张欣杨，尹学伟，张龙编著.
— 北京：中国农业大学出版社，2011.8
ISBN 978-7-5655-0362-7

Ⅰ. ①北… Ⅱ. ①赵… ②张…③尹…④张… Ⅲ. ①蝗科—北京市—图解 Ⅳ. ①Q969.26-64

中国版本图书馆CIP数据核字(2011)第151350号

书　　名　北京地区常见蝗虫原色图谱
作　　者　赵　昆　张欣杨　尹学伟　张　龙　编著

策划编辑　张秀环　　责任编辑　韩元凤
封面设计　郑　川　　责任校对　陈　莹　王晓凤
出版发行　中国农业大学出版社
社　　址　北京市海淀区圆明园西路2号　　邮政编码　100193
电　　话　发行部　010-62731190，2620　　读者服务部　010-62732336
　　　　　编辑部　010-62732617，2618　　出　版　部　010-62733440
网　　址　http://www.cau.edu.cn/caup　　e-mail　cbsszs@cau.edu.cn
经　　销　新华书店
印　　刷　北京鑫丰华彩印有限公司
版　　次　2011年10月第1版　2011年10月第1次印刷
规　　格　880 × 1230　32开本　3.75印张　90千字
定　　价　50.00元

编者的话

在很多人眼里，蝗虫也许是个不那么讨人喜欢的家伙，但是，当我拿起相机，在闪光灯下聚焦它时，它那奇异的形态、绚丽的色彩，不禁让人沉醉其中。

让我们一同走近蝗虫，来看看它的形色之美。

蝗虫的复眼圆润光滑，如一个晶莹剔透的钵器，各种色彩交融其中，似那金色的麦田、翠绿的森林，又似那浩瀚的苍穹。

蝗虫的前胸背板朝多个方向延展，像个别致的舞台，色彩在上面舞蹈。看棉蝗，金黄色跳跃在背板的中央，威武十足；看宽翅曲背蝗，纯白色轻舞于背板的两侧，婉转婀娜；再看云斑车蝗，黑灰色流转于整个背板，尽情挥洒，演绎一副水墨丹青。

蝗虫前翅脉序复杂，彼此交互，好似一个威风的斗篷，披在神秘的侠客身上。后翅脉序则相对明朗些，翅脉像一根根扇骨，撑起了两面晶莹剔透的折扇，扇面上的斑点、色晕、带纹，轻描淡写便呈现了一幅天工之作。

蝗虫后足股节那错落有致的隆线，给人以饱满、流畅之感；胫节那整齐、锐利的胫节刺，分外威武。后足也是色彩的天堂，不论是中华稻蝗那芳草般的青绿，还是花胫绿纹蝗那精致儒雅的三彩，都令人过目难忘。

让我们开启本书的蝗虫形色之旅吧!

本书伊始，我们将了解蝗虫的生物学特性，比如孵化、蜕皮、交配和鸣声等，感受这种生物的独特性。然后，我们将了解蝗虫一些重要形态结构的名称，为后续对蝗虫形态的评价打下基础。紧接着，我们将见识北京地区20种形态不同、色彩各异的蝗虫，对它们"品头论足"，在感知差异的过程中，加深对蝗虫形态学和分类学知识的理解。

中国科学院动物研究所刘举鹏研究员为本书审稿，并提出许多宝贵的意见，我们深表感谢！本书的顺利出版，也要感谢公益行业科研专项（200903021）和大学生创新基金资助项目（081001907）的资助。

由于编者水平有限，若有纰漏，请广大读者指正。

编　者

2011年3月30日

目 录

蝗虫生物学特性简介

蝗虫为不完全变态昆虫，一生要经历3个虫态：卵期、幼虫期和成虫期。

世代：从卵期开始到成虫性器官成熟并能产卵时为止，称为一个世代。

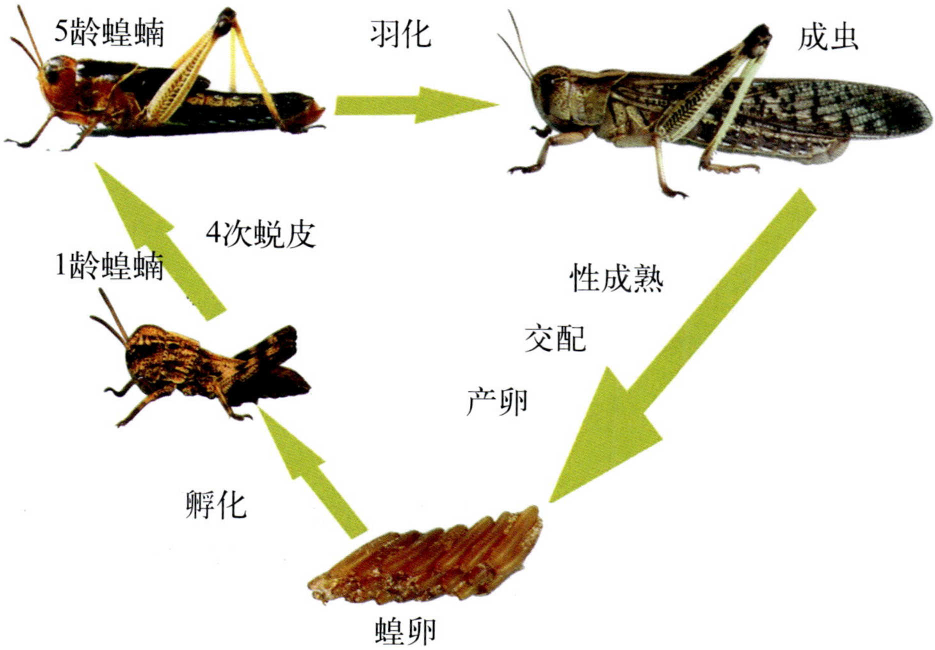

（上图示东亚飞蝗群居型的一个世代）

孵化：指卵内的胚胎发育完成后，蝗虫破壳而出的现象。处于刚孵化至羽化前的发育阶段的蝗虫，一般称为蝗蝻。

蜕皮和羽化：蜕皮指蝗蝻形成新表皮而将旧表皮蜕去的过程。龄期，指蝗蝻相邻两次蜕皮之间所经历的时间。蝗蝻每蜕一次皮，即增加一个龄期。蝗虫最后一次蜕皮变为成虫的过程，称为羽化。

蝗虫的龄期为4~6个，大多数为5个。同种蝗虫雌、雄个体的龄期也不一定相同，如东亚飞蝗雄性、雌性均有5个龄期，而意大利蝗雄性有5个龄期，雌性有6个龄期。

（上图示东亚飞蝗各龄蝗蝻）

"蝗虫这个种群比较和平，它们的交尾过程很宁静，没有新娘吃掉丈夫这样骇人听闻的事情发生。"

——法布尔

交配： 雌、雄虫均性成熟后，即可进行交配。交配时，雄虫抱住雌虫前胸背板，晃动腹端从雌虫腹部侧面找到雌虫生殖器，然后将交接刺插入雌虫生殖器中进行交配。

交配时间一般持续4~5 h，最长的可达16~18 h。交配中的雄虫不能取食，会通过摩擦前翅发声、后足蹬踏等方式拒绝前来凑热闹的另一只雄虫；雌虫虽行动较迟缓，但仍可以进行跳跃和取食。雌虫一生可多次交配，一般为20~25次，最多可超过40次。

（上图示交配中的东亚飞蝗雌、雄成虫）

孤雌生殖： 雌虫未经过两性交配即繁殖后代的生殖方式称为孤雌生殖。可进行该种生殖方式的蝗虫有东亚飞蝗、亚洲飞蝗和棉蝗等。

产卵：待体内蝗卵成熟后，雌虫即可产卵。产卵时，雌虫首先选择产卵地，然后利用两对产卵瓣在产卵地钻孔，以使其腹部全部插入土中。钻孔完成后，雌虫将卵逐粒产出，同时分泌胶液筑造卵室。待产卵完毕后，雌虫并不立即离开，还要用后足推拨土粒以填平产卵孔道。

食性：蝗虫以植物为食。对于种类繁多的食料植物，蝗虫有喜食和不喜食之分，比如东亚飞蝗喜食小麦，不喜食棉花。

群聚和迁飞：群聚，指同种昆虫的大量个体高密度地聚集在一起的习性。迁飞，指昆虫通过飞行而大量、持续地远距离迁移。

东亚飞蝗的蝗蝻和成虫均可群聚：蝗蝻群聚在一起，数量从几十头到几千头不等，或集体“日光浴”，或一齐向前跳动；群居型成虫大量聚集，只要环境条件适宜，蝗群便可向另一个新的地区迁飞。

"它用它那粗壮的后腿在腹部的两侧，不停地弹拔着，时而左腿，时而右腿，时而两腿并用，真是可爱至极。"

——法布尔

鸣声：蝗虫的鸣声源于发音器，不同种类的蝗虫具有不同的发音器及发音组合。

前翅-后足股节型 即前翅中闰脉音齿(或中闰脉之前的横脉上的音齿)与后足股节内侧隆线摩擦发音，如东亚飞蝗、亚洲小车蝗。

后足股节-前翅型 即后足股节内侧下隆线的发音齿与前翅纵脉摩擦发音，如宽翅曲背蝗。

后足股节-后翅型 即后足股节外侧上隆线的发音齿与后翅膨大而隆起的纵脉摩擦发音，如轮纹异痂蝗。

后翅-后足股节型 即后翅膨大纵脉下面的音齿与后足胫节基部膨大处的皱纹摩擦发音，如红翅皱膝蝗。

后翅-前翅型 即后翅端半部的发音齿与前翅的纵脉摩擦发音，如中华剑角蝗。

前翅-后足胫节型 即前翅端部翅脉的发音齿与后足胫节内列刺摩擦发音，如中华稻蝗。

蝗虫形态结构说明与示例

全 身

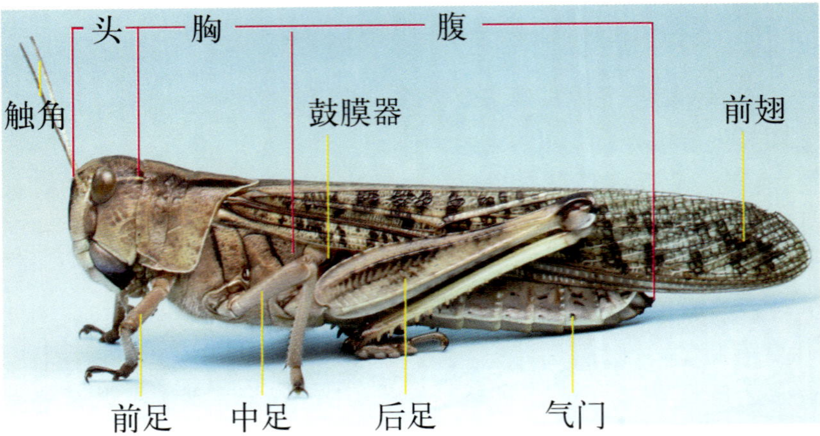

（图为东亚飞蝗群居型雌成虫）

上图结构说明： 触角丝状，刚到达前胸背板后缘。前翅发达，超过后足胫节中部。

蝗虫体躯由3个体段组成： 头部、胸部和腹部。

胸部分前胸、中胸和后胸3个胸节，每个胸节生有1对足，分别为前足、中足和后足。在具翅的蝗虫种类中，中胸、后胸分别生有前翅和后翅。前、后翅的长度在不同蝗虫种类间差别较大，有的超过腹端部，有的仅到达腹中部或者更短。

腹部通常由10个腹节组成，每个腹节均由背板、腹板包裹；每节背板侧面的下缘均具有气门；第1节背板侧面后下方具有较明显的鼓膜器。在一些蝗虫种类中，腹部第2节背板前下角具有摩擦器。

触角类型和相对长度

剑状触角

槌状触角，端部膨大

触角丝状，刚到达前胸背板后缘

触角丝状，远超过前胸背板后缘

摩擦器和鼓膜器

具有平行条纹的摩擦器

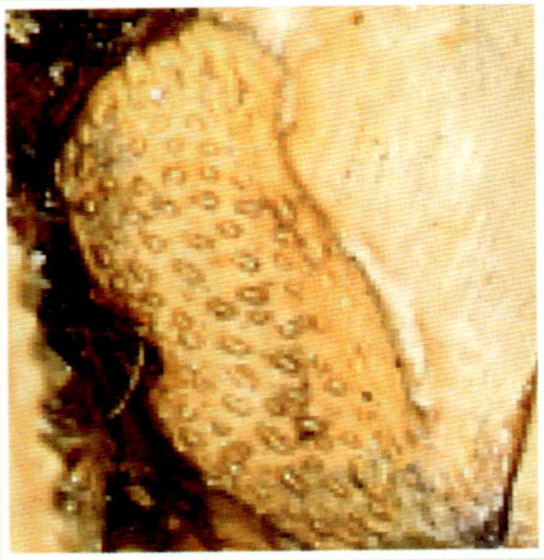

密布颗粒状突起的摩擦器

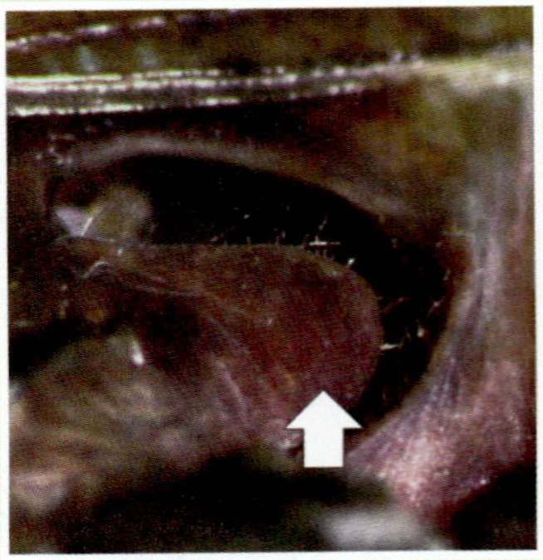

鼓膜片（箭头）较大，覆盖鼓膜器一半以上，鼓膜孔呈狭缝状

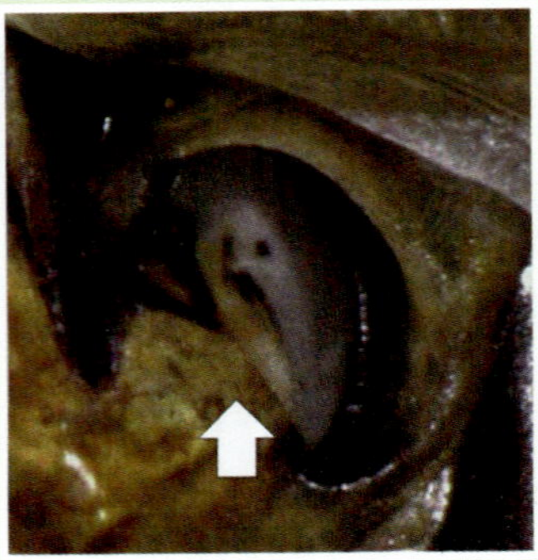

鼓膜片（箭头）狭窄，很少覆盖鼓膜器，鼓膜孔呈半圆形

头胸背面观

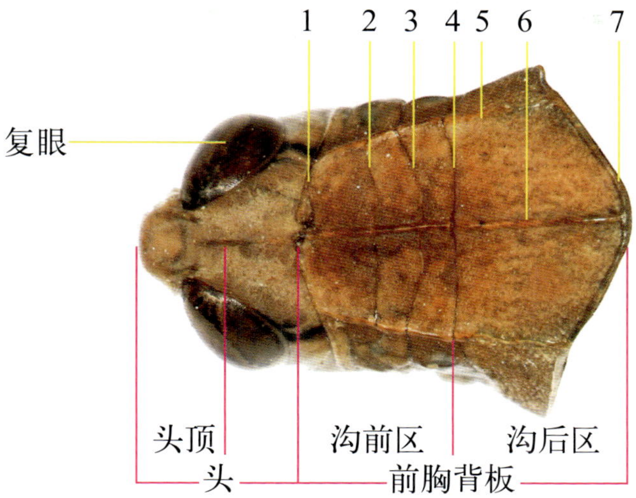

1. 前胸背板前缘　2. 前横沟　3. 中横沟　4. 后横沟
5. 侧隆线　6. 中隆线　7. 前胸背板后缘

上图结构说明：头顶端部低凹。前胸背板“三横”（前、中、后横沟）、“三纵”（中隆线和两条侧隆线）均明显，后横沟割断中隆线，沟前区和沟后区几乎等长。

头背，即头部的背面。头顶，即头背在复眼前缘以前的部分。沟前区，即后横沟以前的前胸背板区域。沟后区，即后横沟以后的前胸背板区域。

头胸背面观，即从背面看头部、前胸背板。从头胸背面可以鉴别的形态特征有：

1.头顶中央是否凹陷，端部的形状（如钝圆、钝角等）。

2.前胸背板前、后缘的形状（如圆弧形、锐角、钝角等）。

3.前胸背板的“三横”是否明显，哪条横沟将中隆线割断，切割的深浅（是否形成凹口）。

4.沟前区和沟后区的相对长度。

头胸侧面观

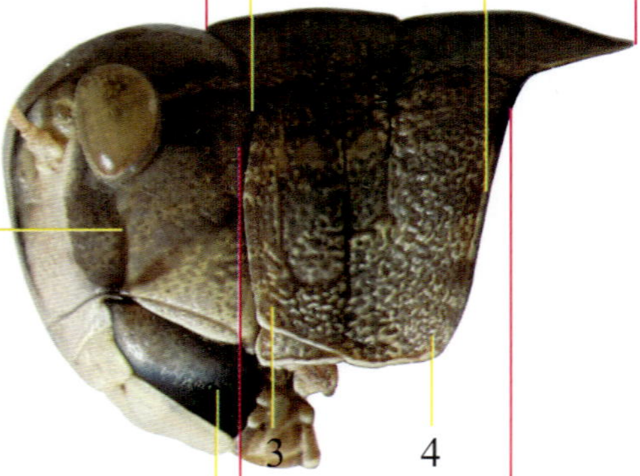

（图为东亚飞蝗头胸侧面观）

1.侧片前缘　2.侧片后缘　3.侧片前下角　4.侧片后下角

5.上颚　6.眼下沟

上图结构说明：颜面略向后倾斜。前胸背板中隆线较隆起，可见被后横沟切割形成的小凹口。

头胸侧面观，即从侧面看头部、前胸背板。从头胸侧面可以鉴别的形态特征有：

1.前胸背板中隆线的隆起情况（如不隆起、较隆起、强烈隆起等），被横沟切割的情况（如1个凹口、多个凹口）。

2.头侧窝形状（如四边形、多边形、圆形等），复眼形状（如卵形、长卵形等）。(注：头侧窝在有些蝗虫种类中不明显或者消失)

3.头顶与颜面形成的角度（如钝角、直角、锐角等）。

前胸背板侧面观示例

前胸背板中隆线隆起程度

隆起较低

呈片状较高地隆起

强烈地隆起，侧观呈圆弧形

前胸背板中隆线被横沟切割程度

具有1个凹口

具有2个凹口

具有3个凹口

胸部腹面观

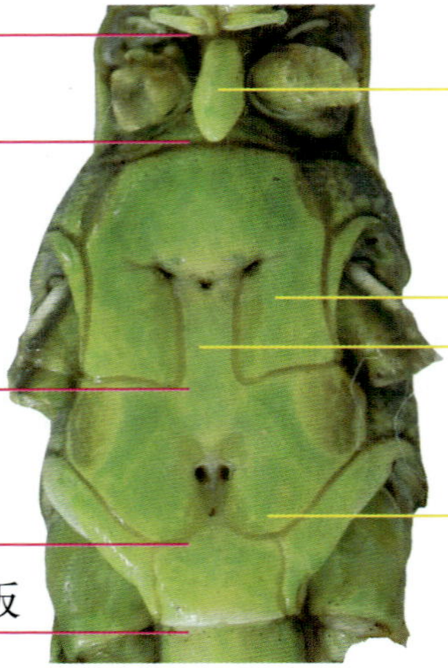

上图结构说明：前胸腹板突为长圆锥形，顶端尖锐，强烈地向后倾斜，到达中胸腹板前缘。中胸腹板侧叶间中隔为长方形，长明显大于宽。后胸腹板两侧叶在后端相接。

从胸部腹面可以鉴别的形态特征有：

1.前胸腹板前缘的隆起情况(如平坦、略隆起、明显隆起等)。如前胸腹板前缘明显隆起，则具有前胸腹板突，以其大小和形状（如圆柱状、锥状等）鉴别种类。

2.中隔，即两侧叶之间的区域。对于中胸腹板侧叶，常评价侧叶间中隔的形状，如果中隔近长方形，可以评价中隔长和宽的相对长度。对于后胸腹板侧叶，常评价两侧叶是分离还是部分相连。

胸部腹面观示例

前胸腹板平坦。中胸腹板侧叶间中隔近正方形，长略大于宽。后胸腹板两侧叶全长分开。

前胸腹板前缘略隆起。中胸腹板侧叶间中隔的长略大于最狭处。后胸腹板两侧叶全长分开。

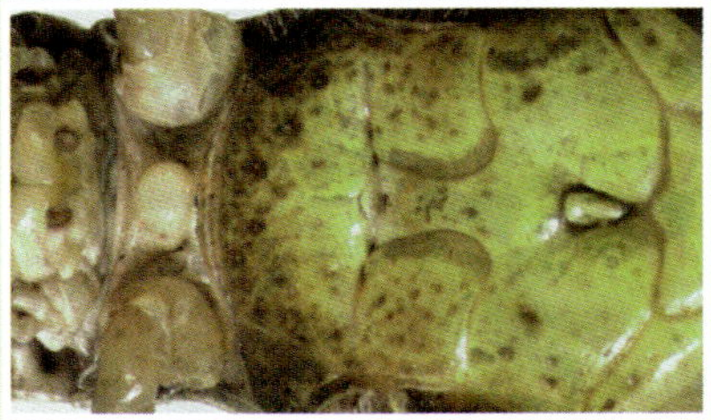

前胸腹板前缘隆起明显，呈圆柱形，顶端钝圆。中胸腹板侧叶间中隔的长度明显大于其宽度。后胸腹板两侧叶在后端相连。

前　翅

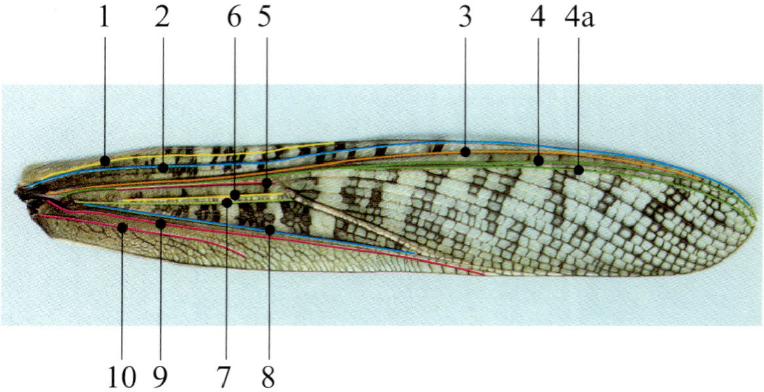

（图为东亚飞蝗前翅）

1.缘前脉　2.前缘脉　3.亚前缘脉　4.径脉　4a.径分脉　5.中脉
6.中闰脉　7.前肘脉　8.后肘脉　9.臀脉1　10.臀脉2

上图结构说明：前翅中脉域的中闰脉明显，全长接近前肘脉。

两纵脉之间区域的名称，来源于靠前那个纵脉的名称，如前缘脉和亚前缘脉之间的区域，就叫做前缘脉域。依此类推，我们就可以在前后翅中找到亚前缘脉域、径脉域、中脉域、肘脉域、后肘脉域及臀脉域等。（注：前缘脉以前的区域，称为缘前脉域；肘脉域，即前肘脉域的简称。）

从前翅可以鉴别的形态特征有：前翅发达与否；中脉域是否具有中闰脉，中闰脉附近是否具有整齐排列的横脉；各脉域的相对宽窄等。

后　翅

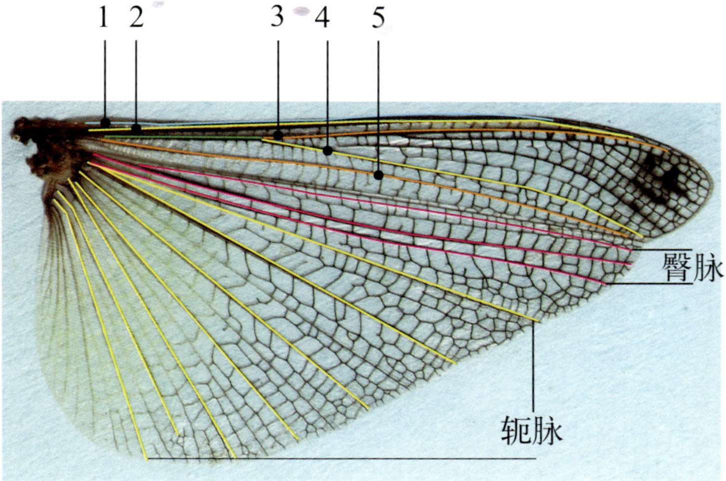

（图为东亚飞蝗后翅）

1.前缘脉　2.亚前缘脉　3.径脉　4.中脉　5.前肘脉

后翅各脉的排列顺序与前翅大致相似，区别有：后翅径脉和中脉在基部并成一脉；臀脉后面有轭脉。

从后翅可以鉴别的形态特征有：翅脉是否加粗，是否具有音齿；翅面的颜色和纹路等。

后 足

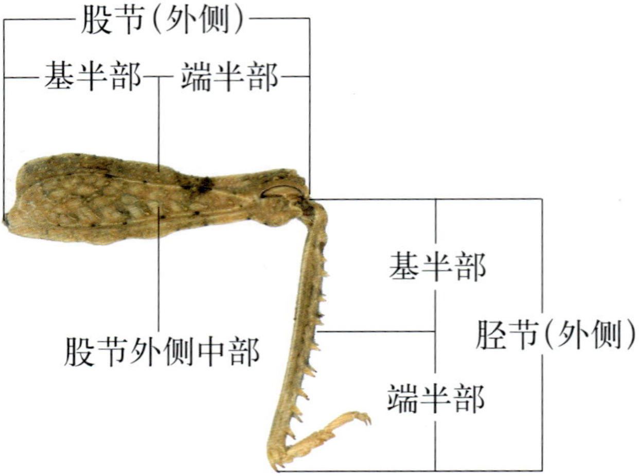

后足由股节、胫节、跗节、爪和中垫组成，其上具有许多分类特征。这些特征在不同蝗虫种类间差异较大，分布于后足的各个方位，如内侧、外侧、基部和端部等。

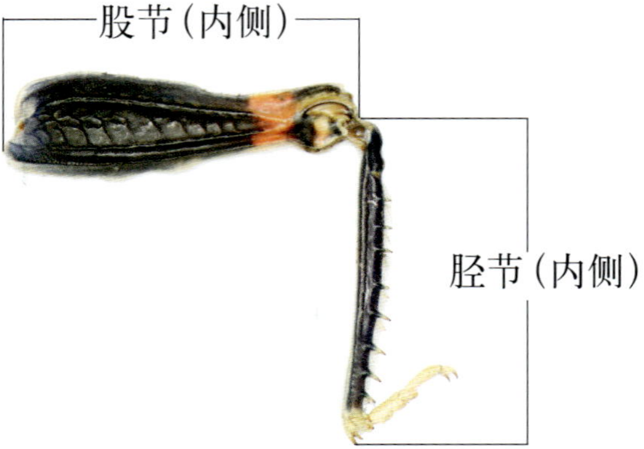

后足股节外侧

上图结构说明： 后足股节上基片长于下基片，中部具羽状纹，上侧中隆线具细齿；外侧下隆线和下侧中隆线全长具有间断的黑色短带；外下膝侧片淡色，端部呈圆形。

从后足股节外侧可以鉴别的形态特征有： 上、下基片孰长孰短；股节中部为何种纹路（如羽状纹、不规则隆线等）；上侧中隆线、下侧中隆线的形状（如平滑、锯齿、部分低凹、波浪状等）；外膝侧片的颜色和形状（如锐刺、圆形等）。

后足股节内侧

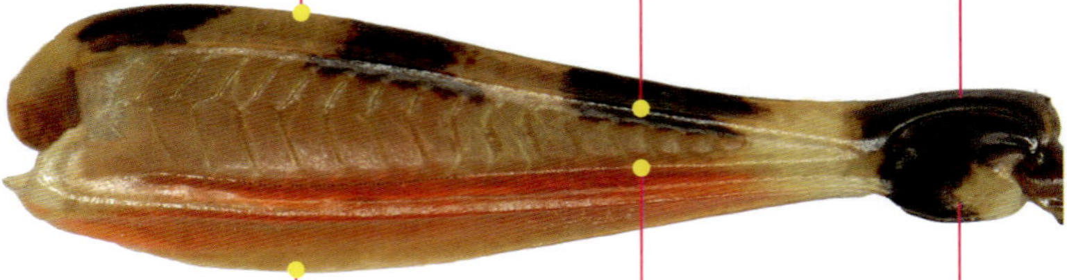

（图为宽翅曲背蝗后足股节内侧观）

上图结构说明： 后足股节上基片长于下基片，上侧中隆线和内侧上隆线间排列3条黑色短带，内侧下隆线具发音齿。

从后足股节内侧可以鉴别的形态特征有： 内侧下隆线是否具有发音齿；内侧各隆线间的颜色和纹路（如斑点、斜纹、横带等）。

后足股节端部示例

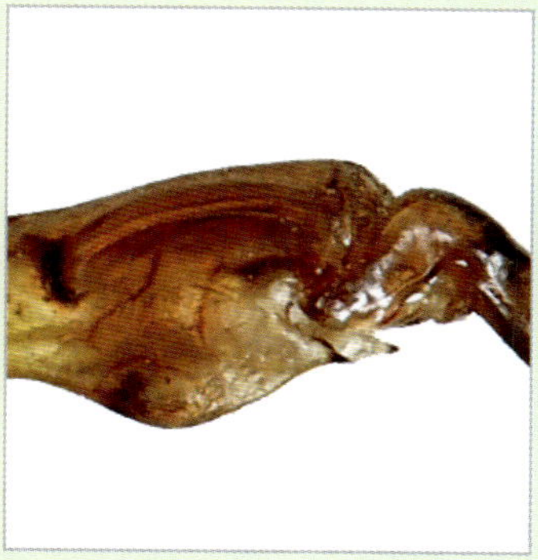

内、外侧下膝侧片在端部呈锐刺状

外侧上、下膝侧片在端部呈锐刺状

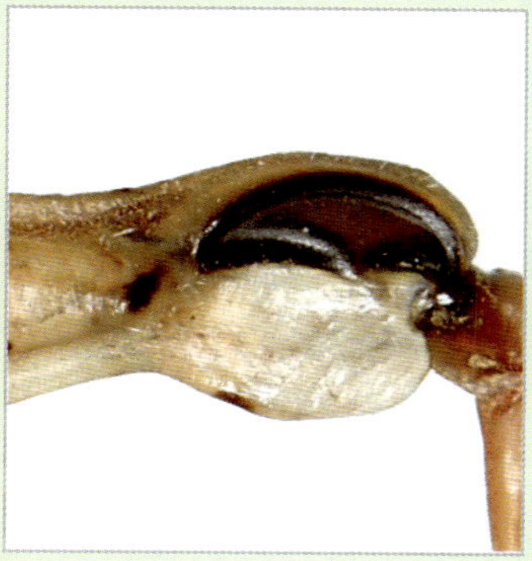

外侧下膝侧片呈椭圆形

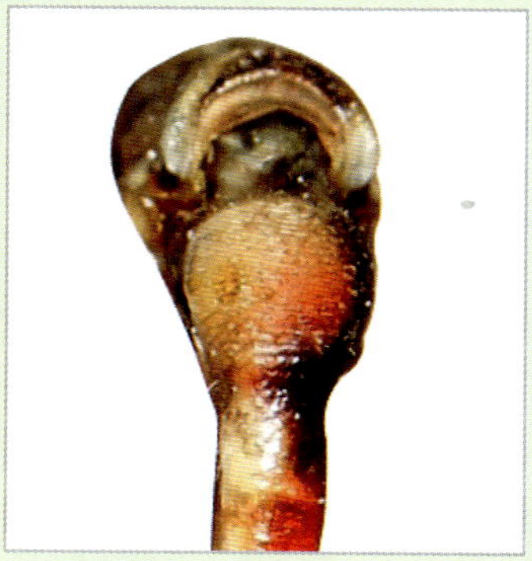

胫节基部膨大，具有平行细隆线

后足胫节

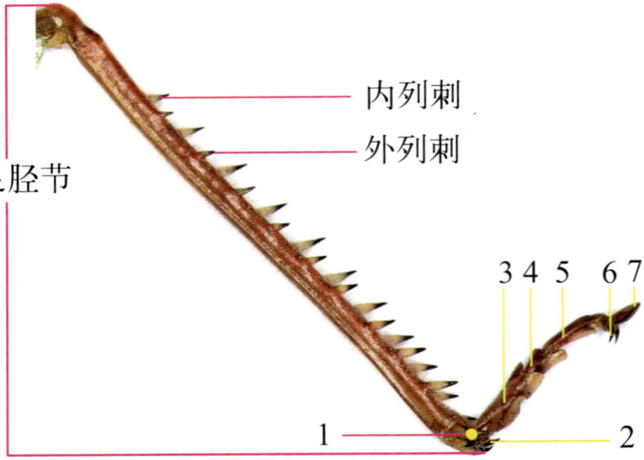

（图为棉蝗后足胫节外侧观）

1.外侧距　2.内侧距　3.第1跗节　4.第2跗节　5.第3跗节　6.爪　7.中垫

上图结构说明：胫节红色，外缘具刺9个，内缘具刺11个，缺外端刺。胫节刺端部黑色，基部白色。跗节爪间中垫长于两爪。

胫节背面生有内、外两列刺，位于胫节最端部的刺称为端刺。端刺分内端刺、外端刺，外端刺在一些蝗虫种类中消失。位于端刺和跗节之间的是距，距成对地侧置于胫节端部两侧。跗节分3节，第2节最短，第3节的端部生有1对爪，爪间夹1中垫。

从后足胫节可以鉴别的形态特征有：胫节端部是否具有外端刺；内、外侧距孰长孰短，同侧两距是否等长；跗节爪间中垫的长度，两爪是否等长；胫节的颜色搭配，内、外侧刺的数目等。

后足胫节端部示例

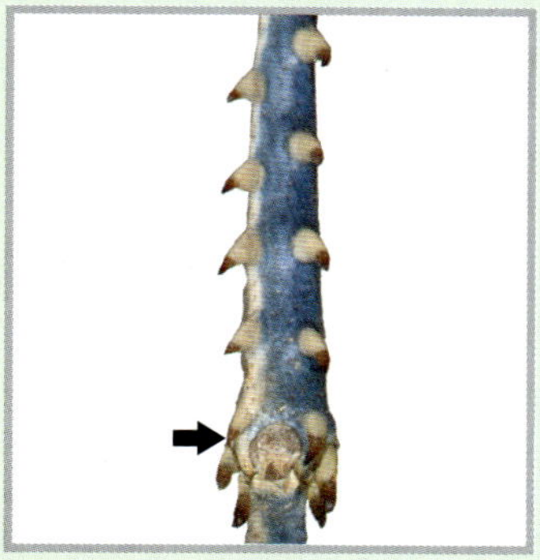

具外端刺（箭头）。胫节外侧距和内侧距长度接近

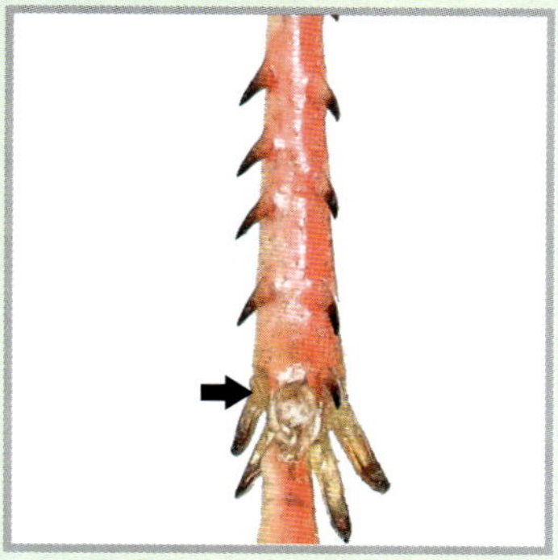

缺外端刺（箭头），内侧距明显长于外侧距

跗节爪间中垫较大，圆形，长于两爪

跗节爪间中垫短于两爪

雄生殖器

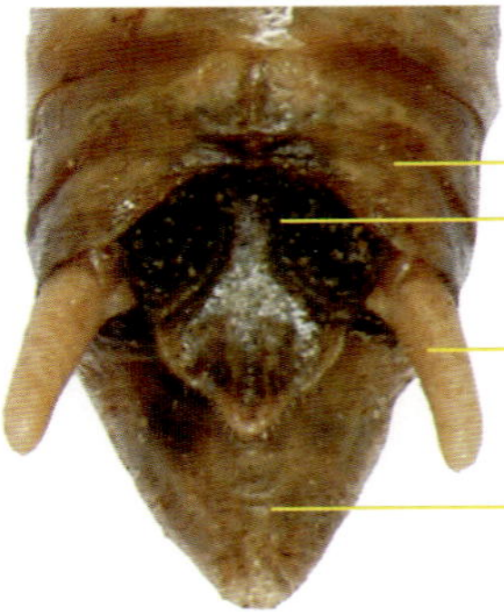

（图为亚洲小车蝗雄生殖器背面观）

上图结构说明： 腹部第10节背板后缘呈桥状凹陷。肛上板近三角形。

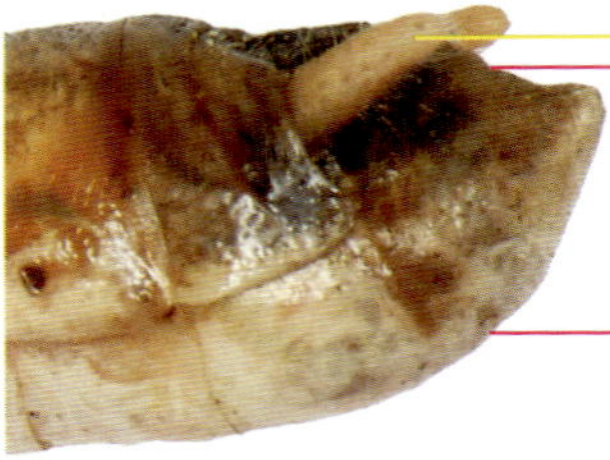

（图为亚洲小车蝗雄生殖器侧面观）

上图结构说明： 下生殖板短锥形。

从雄生殖器可以鉴别的形态特征有： 下生殖板侧面观的形状（如短锥形、长锥形、钝圆形等）；尾须的形状（如锥状、柱状、狭片状等），是否向内弯曲，端部是否分叉；腹部第10节背板后缘的形状和肛上板的形状等。

雄生殖器侧面观示例

下生殖板短锥形。尾须中部收缩，两端膨大，似哑铃

下生殖板细长锥形，顶端尖。尾须长柱形

下生殖板短舌状，尾须长锥形

下生殖板端部为圆弧形

雌生殖器

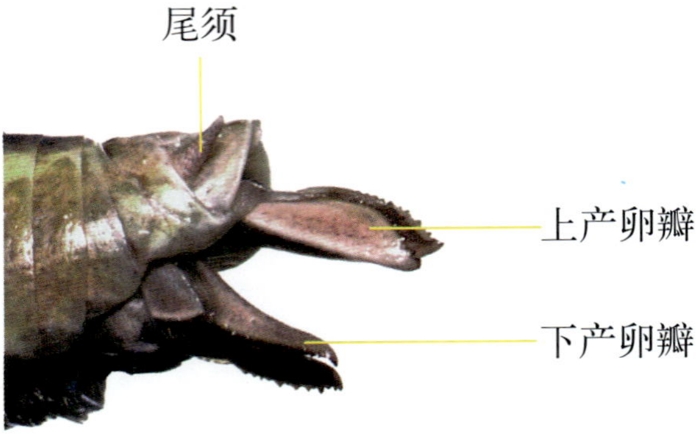

（图为中华稻蝗雌生殖器侧面观）

上图结构说明： 上、下产卵瓣细长，外缘具有大小相近的细齿。

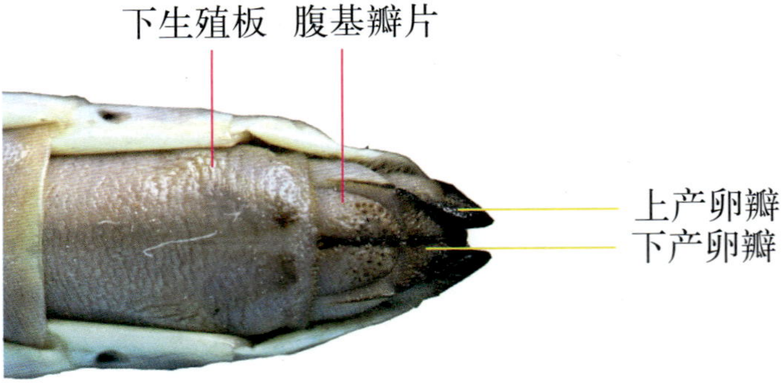

（图为东亚飞蝗雌生殖器腹面观）

上图结构说明： 下生殖板长方形，后缘具细毛，呈毛刷状。尾须长锥形。

从雌生殖器可以鉴别的形态特征有： 上、下产卵瓣的形状（如细长、粗短等），端部的弯曲程度；尾须的形状，其长度是否超过肛上板；下生殖板后缘的形状（如中央呈角形凸出、具齿等）。

北京地区常见蝗虫介绍

内容介绍

在每种蝗虫的介绍中，均附有该种蝗虫的全身图和局部图。全身图不仅展现了蝗虫的全貌，还通过两条直线分别说明了该种蝗虫雄、雌成虫的实测体长（见下图，示东亚飞蝗全身）。局部图则特别关注了那些具有重要分类特征的局部形态结构（见下图，示东亚飞蝗鼓膜器）。

每幅图片均配有简要的文字说明，其中包括一首简要概述该种蝗虫特征的小诗。

通过图、文对照阅读，读者不仅可以全面地了解每种蝗虫的形态特征，亦可通过比较不同种蝗虫的相同部位，加深对蝗虫形态学知识的理解。

总科和科检索表

本书依照的分类系统为印象初院士于1982年提出，后经夏凯龄教授修改的分类系统。

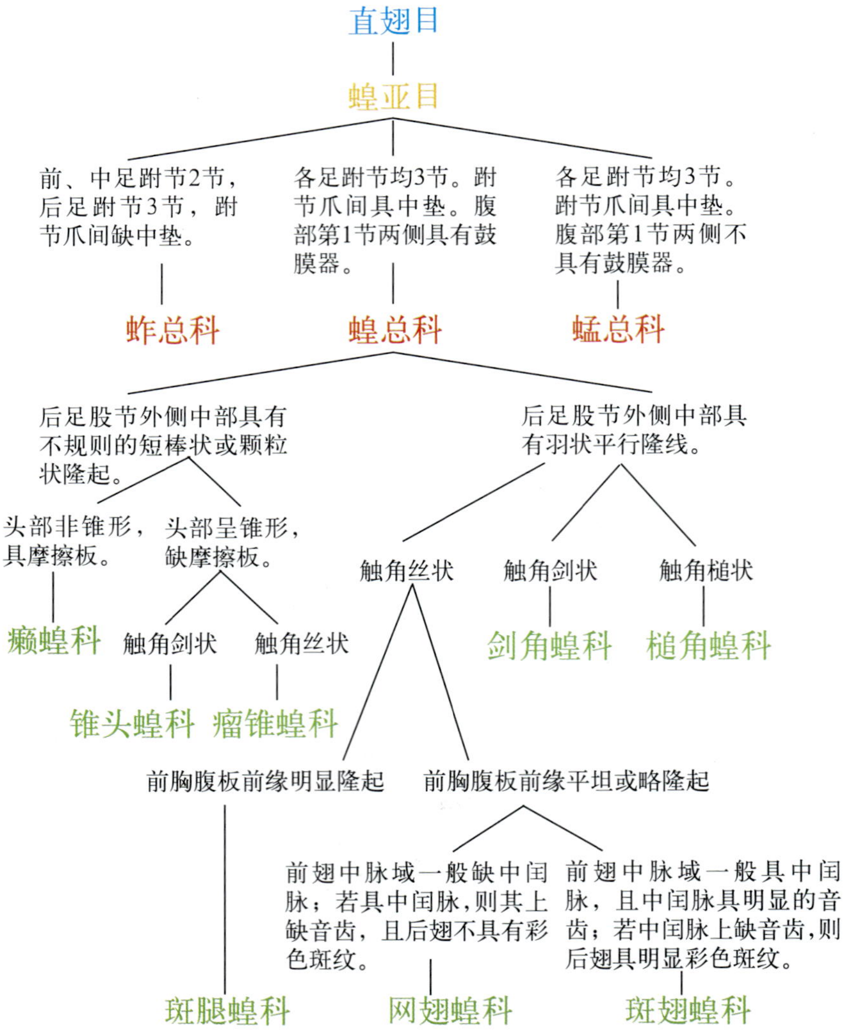

癞蝗科　Pamphagidae

科概述

体中型到大型。体表具颗粒状突起或短隆线。触角丝状。腹部第2节背板两侧具有摩擦板(图a)。前、后翅在科内各种类间差异大，为发达、短缩或消失。

头胸背面观：头顶中央具细纵沟，有时细纵沟不明显。

后足：股节外侧具不规则的短棒状隆线或颗粒状突起，上基片短于下基片(图b)。

该科蝗虫包括笨蝗等。

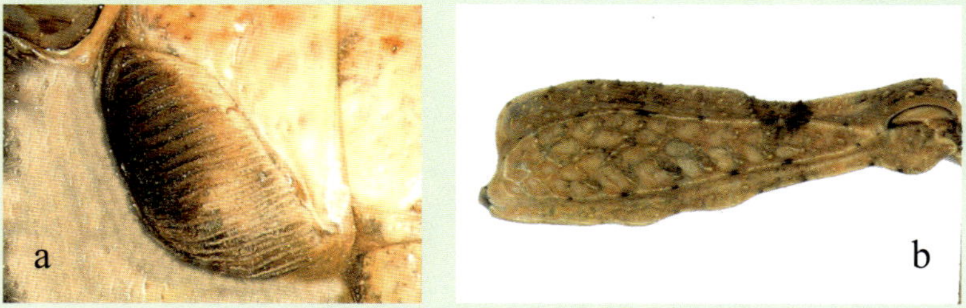

笨　蝗

头顶凹陷似刀切，背板后缘如角凸。

两翅短小脉乱写，腹二背板擦器携。

全身图：体长为雄29～33 mm，雌42～46 mm。体有黄褐色、褐色、暗褐色之别，伴不规则淡色斑纹。体表粗糙，具粗大颗粒和短隆线。触角丝状，其长不达前胸背板后缘。腹部第2节背板侧面具摩擦板(小图)，板上有彼此平行之横纹。前翅鳞片状，侧置，其长接近腹部第1节背板后缘。

笨　蝗

拉丁学名： *Haplotropis brunneriana*

分类地位： 癞蝗科　癞蝗亚科　笨蝗属

头胸背面观： 头短于前胸背板，头顶三角形，明显低凹。前胸背板前、后缘均呈淡黄色，前缘近“W”形，后缘呈锐角或直角形凸出；横沟不明显。

头胸侧面观： 复眼卵圆形。前胸背板中隆线全长完整，呈片状隆起，侧观呈弧形。

后足： 股节外侧中部具不规则短隆线，上基片短于下基片。胫节上侧青蓝色，底侧黄褐色，具外端刺，刺端部黑色。跗节爪间中垫超过爪之中部。

前翅： 前翅鳞片状，翅脉浓密。

笨 蝗

生殖器：雄下生殖板锥形，顶端尖。雌产卵瓣短，下生殖板后缘呈角形凸出（图中箭头）。

发生期：一年发生1代。5月底见成虫。

适生地：喜欢在阳光充足、土质干燥的地方活动，如植被稀疏的山坡、岩石边。

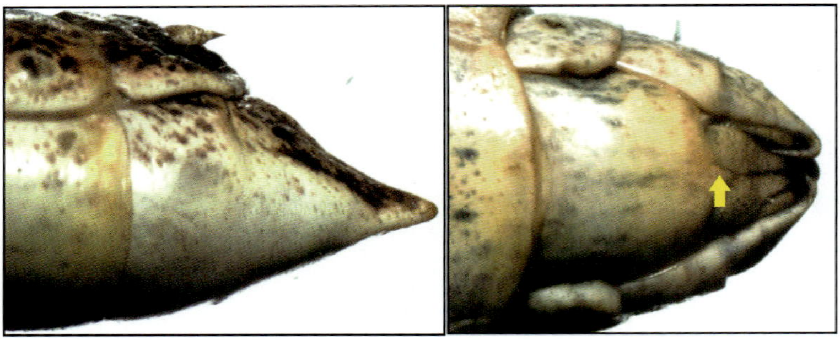

锥头蝗科　Pyrgomorphidae

科概述

体小型到中型。头呈锥形，触角剑状(图a，短额负蝗)。前后翅均发达，超过后足股节端部。

头胸背面观： 头顶顶端的中央具一细纵沟(图b箭头,短额负蝗)。

头胸侧面观： 颜面强烈地向后倾斜，与头顶呈锐角。

后足： 股节外侧有不规则短棒状隆线或颗粒状突起，上基片短于下基片（锥头蝗亚科），上基片长于下基片（负蝗亚科）。

该科蝗虫包括短额负蝗等。

a

b

短额负蝗

头顶伸出超两眼，突出长度近眼长。

头顶端部纵沟划，剑状触角两侧擎。

复眼后方列细粒，背板侧片膜区藏。

前翅端部甚尖锐，后足上侧基片长。

全身图： 体长为雄19~23 mm，雌28~35 mm,雌虫体型明显比雄虫粗壮。体草绿色或者黄褐色，全身散布细小的白色颗粒。触角剑状。头为锥形。复眼后具一纵列小而隆起的白色颗粒。前翅较远地超过后足股节端部，顶端尖锐。

短额负蝗

拉丁学名： *Atractomorpha sinensis*

分类地位： 锥头蝗科　负蝗亚科　负蝗属

头胸背面观： 头顶显著地突出于两复眼，其长度接近复眼纵径；端部为圆弧形，中央具细纵沟（又叫颜顶角沟，箭头所指）。前胸背板宽平，前缘较平直，后缘钝圆形；中隆线细且全长完整，后横沟位于背板中部之后。

头胸侧面观： 复眼大而突出，长卵形，纵径近两倍于横径。颜面强烈地向后倾斜，与头顶呈锐角。前胸背板中隆线低平；侧片后缘内凹，后缘前方有一环形膜区（小图箭头）。

后足： 股节外侧密布白色颗粒，上侧中隆线平滑，上基片长于下基片。

短额负蝗

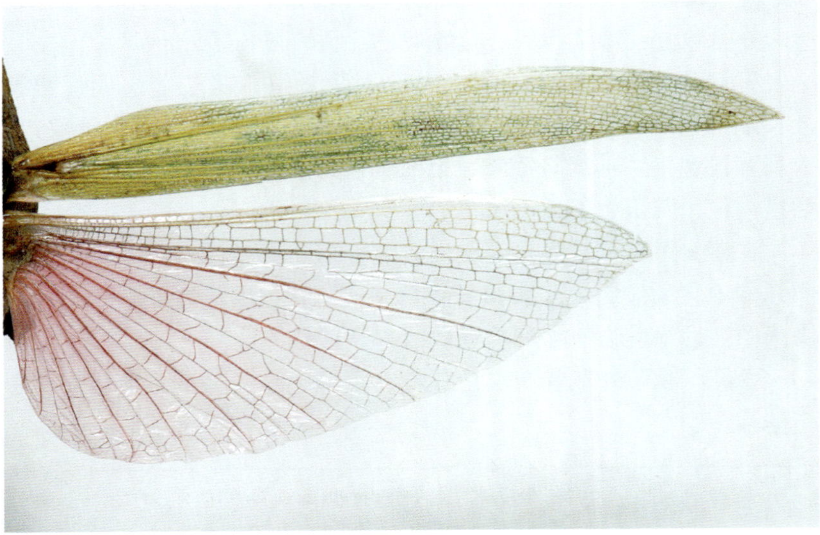

前后翅：后翅粉红色，长度略短于前翅。

生殖器：雄下生殖板侧观为椭圆形，顶端钝。雌上、下产卵瓣粗短，顶端弯曲，上产卵瓣外缘有大小不一的小齿。

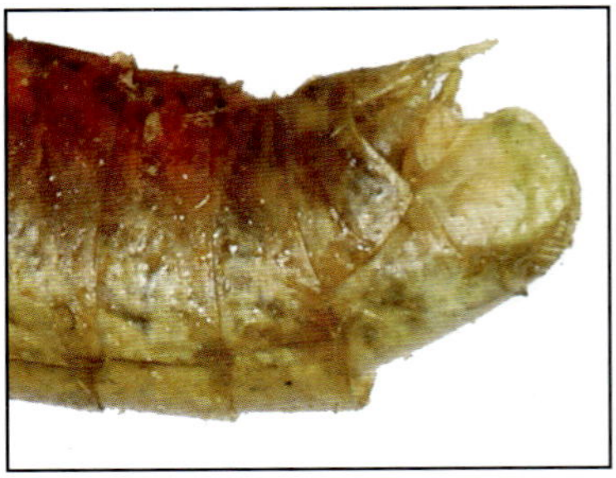

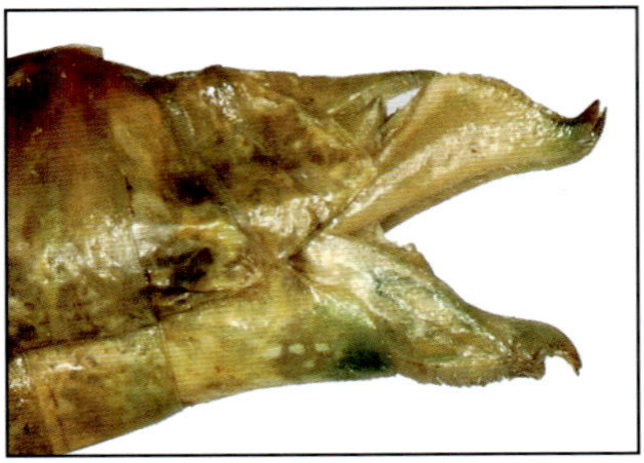

短额负蝗

（图为短额负蝗大龄蝗蝻）

发生期：一年发生2代。5月越冬卵孵化，6月见成虫。第2代8月孵化，9月见成虫。

适生地：常发生于沟渠、路旁、田边和河岸两边等杂草丛生的地方。

剑角蝗科 Acrididae

科概述

体型细长。触角剑状(见下图，中华剑角蝗)。前、后翅多狭长且顶端尖锐，少数呈鳞片状，侧置。

头胸背面观：头顶前端缺细纵沟。

头胸侧面观：头部侧观为钝锥形或长锥形。头侧窝一般发达，但在有些种类中不明显或者缺少。前胸背板中隆线隆起低。

后足：股节外侧中部有羽状纹，上基片长于下基片。

该科蝗虫包括中华剑角蝗等。

中华剑角蝗

中华剑角蝗

也为锥形头，亦顶剑状角。

两点似负蝗，但属剑角科。

后足刻羽纹，中垫越爪出。

寻那最锋处，还看下膝片。

全身图： 体型为中大型。体长为雄30~47 mm，雌58~81 mm。体为绿色或褐色。触角剑状。前翅超过后足股节端部。该虫体表纹路在个体间存在较大差异。

中华剑角蝗

拉丁学名： *Acrida cinerea*

分类地位： 剑角蝗科　剑角蝗亚科　剑角蝗属

头胸背面观： 头部较长，其长明显长于前胸背板。头顶突出，突出长度近等于复眼的纵径。前胸背板侧隆线在沟后区较分开，后横沟较直。

头胸侧面观： 前胸背板侧片的后缘较凹入，后下角呈锐角形向后凸出。

胸部腹面观： 前胸腹板平坦。中胸腹板侧叶间中隔为长方形。后胸腹板两侧叶彼此分开。

后足： 股节和胫节为褐色或绿色，外侧上、下膝侧片顶端均具有尖锐的刺。跗节爪间中垫长于两爪。

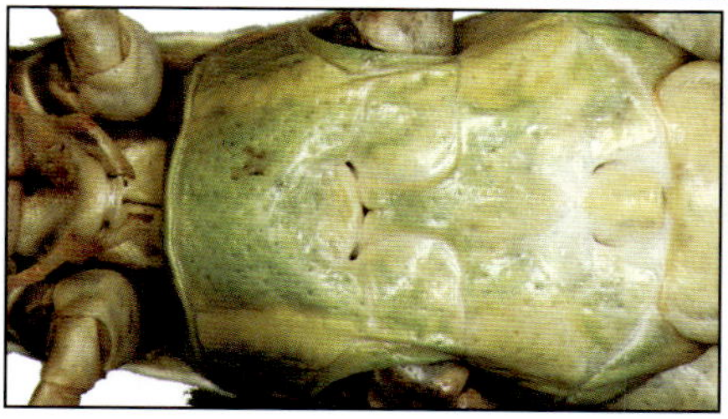

中华剑角蝗

前后翅： 前翅端部尖锐,中脉域缺中闰脉，在该虫绿色个体中，前翅肘脉域常具有淡红色纵条；褐色个体中，前翅中脉域具有黑色纵条，纵条中又生有间断的淡色小短带。后翅淡绿色，端半部翅脉具有发音齿，可与前翅的纵脉摩擦发音。

生殖器： 雄下生殖板长锥形，上缘直，尾须为长柱状，肛上板近圆形。雌产卵瓣粗短。

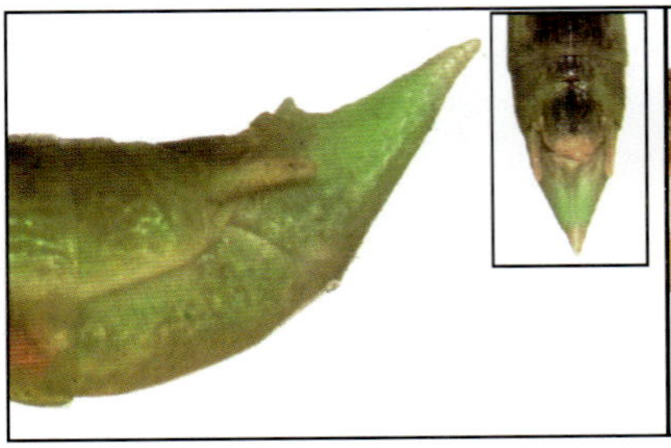

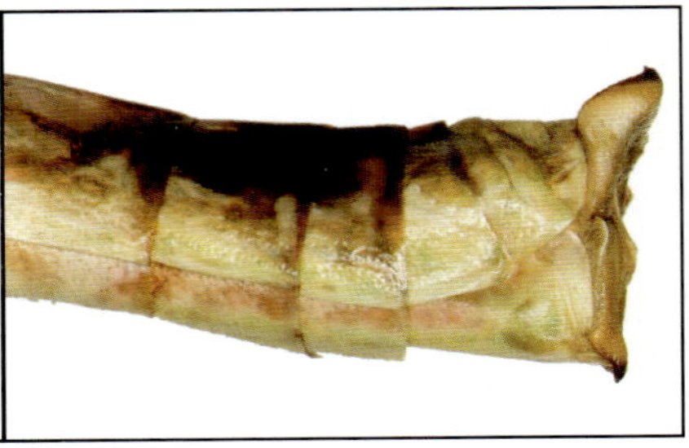

中华剑角蝗

（图为中华剑角蝗大龄蝗蝻）

发生期：一年发生1代。6月越冬卵孵化，8月见成虫。

适生地：常发生于河流两岸、内涝洼地、沟渠地边和潮湿草滩等地方。成虫善跳跃，飞行时前、后翅摩擦发声。

斑腿蝗科 Catantopidae

科概述

体型中等到大型。触角丝状。前、后翅一般发达，达到或超出后足股节端部。

头胸背面观：头顶前端缺少细纵沟。

头胸侧面观：头侧窝消失或不明显。前胸背板中隆线隆起低。

头胸腹面观：前胸腹板前缘明显地隆起，隆起形状在不同种类间差别较大，有锥形(图a，棉蝗)、圆柱形（图b，短星翅蝗）和横片状等。

前后翅：前翅中脉域不具中闰脉。

后足：股节外侧中部具有羽状纹，上基片明显长于下基片，仅在少数种类中，上基片等长于下基片。

该科蝗虫包括短星翅蝗、棉蝗、中华稻蝗和长翅素木蝗等。

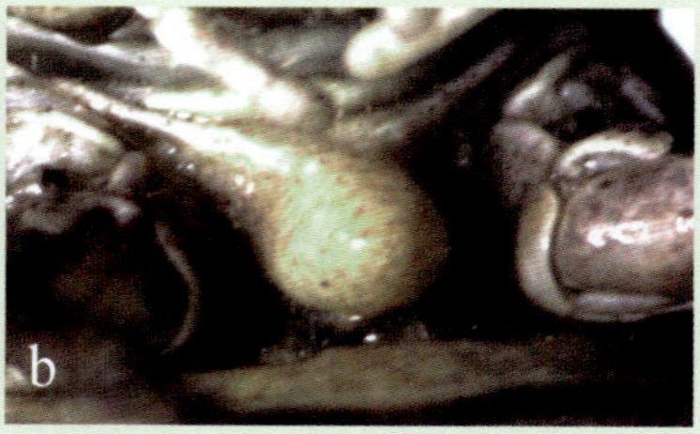

短星翅蝗

背板横沟隆线明，彼此相切格局清。

狭长尾须弯向内，股节锯齿列上隆。

全身图：体长为雄12.9~21.1 mm，雌23.5~32.5 mm，雌虫体型比雄虫粗壮。体为褐色、黑褐色。触角丝状。背观该虫，自头顶发出两条淡色纵纹，条纹纵贯头、胸、翅，在翅端部交接，全长呈梭形。

短星翅蝗

拉丁学名： *Calliptamus abbreviatus*

分类地位： 斑腿蝗科　星翅蝗亚科　星翅蝗属

头胸背面观： 头顶端部凹陷。前胸背板中隆线、侧隆线均明显可见；前、中、后横沟均将中隆线割断，后横沟位于前胸背板中部。

头胸腹面观： 前胸腹板前缘呈圆柱状明显地隆起，顶端钝圆。中胸腹板侧叶间中隔长方形，宽大于长。

后足： 股节短粗，长近3倍于宽；内侧红色，具2条不完整的黑横带；上侧中隆线具有明显的锯状齿。胫节红色，具刺8~9个，缺外端刺。跗节爪间中垫的长度超过爪之中部。

短星翅蝗

前后翅： 前翅散布许多黑色小斑点，后翅近透明。

生殖器： 雄虫尾须背观向内弯曲，狭片状；端部分叉成上、下两枝，上枝长于下枝；下枝又分上、下小齿。

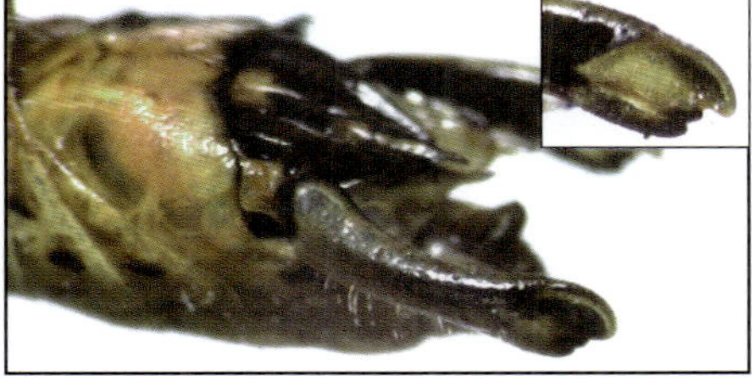

短星翅蝗

（图为短星翅蝗大龄蝗蝻）

发生期：北京一年发生1代。越冬卵于5月下旬孵化，7月见成虫。

适生地：为地栖型蝗虫，常发生于干旱草原、向阳坡地、丘陵地带、河套地和农田。

棉　蝗

俊俏威武它最属，原因是何下面说。

眼下黄蓝两条带，背板高隆黄色涂。

前胸腹板锥形突，中胸腹板细中隔。

后翅玫瑰红半壁，宽圆中垫越爪出。

全身图：该虫体型大，体长为雄49.4~59.3mm，雌68.2~95.3 mm，雌虫体型明显粗壮于雄虫。体常为青绿色或黄绿色。触角黄色丝状。雄虫体表具有浓密的长绒毛和粗大刻点。前翅超出后足股节端部。前、中、后足胫节外侧呈红色。

棉　蝗

拉丁学名： *Chondracris rosea rosea*

分类地位： 斑腿蝗科　刺胸蝗亚科　棉蝗属

头胸背面观： 头部长度远短于前胸背板。前胸背板表面具有颗粒状突起和短隆线；前缘略凸，后缘呈直角形；中隆线金黄色，侧隆线消失；三条横沟均较深地将中隆线割断，侧观可见切割形成的小凹口；后横沟居于背板中部之后。

头胸侧面观： 复眼长卵形，眼下生有黄、蓝纵带。前胸背板中隆线在前部略升高，在后部低而直。

胸部腹面观： 前胸腹板突(图a)为长圆锥形，顶端尖，强烈地向后倾斜，达中胸腹板前缘。中胸腹板侧叶间中隔为长方形，长明显大于宽。

棉　蝗

前后翅：前翅绿色，顶端宽圆。后翅基部玫瑰红色，顶端透明，纵脉间填有整齐排布的小横脉。

后足：股节细长，线条平缓，其长为宽的5.5倍；上侧中隆线呈锯齿状。胫节红色，具刺8~11个，缺外端刺；刺较长，端部黑色。跗节爪间中垫宽大，超出两爪。

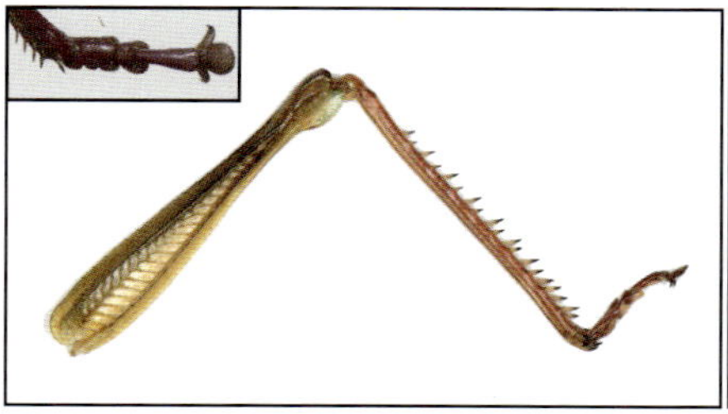

棉 蝗

（图为棉蝗大龄蝗蝻）

发生期： 一年发生1代。成虫见于8月。

适生地： 常活动于植被较稀疏的山坡地、丘陵。2龄前蝗蝻群聚性很强，常大数量地聚集在一条枝条上取食。3龄以后群聚性减弱，开始上树危害。5~6龄后开始分散取食。成虫飞翔能力较强。

中华稻蝗

头部背面宽且滑，背板宽平丰字画。

前胸腹板锥形突，前翅端部音齿撒。

后足青绿如翠玉，膝部暗色锐刺拔。

胫节端部两缘阔，居于水中作桨划。

全身图： 体长为雄15.1~33.1 mm，雌19.6~40.5 mm。体为绿色或褐绿色。雄虫触角超过前胸背板后缘，雌虫的不超过。前胸腹板突为锥形，端部尖（小图）。前翅超过后足股节端部。

中华稻蝗

拉丁学名：*Oxya chinensis*

分类地位：斑腿蝗科　稻蝗亚科　稻蝗属

头胸背面观：头顶端部钝圆。前胸背板前缘平直，后缘钝圆形；中隆线全长明显，侧隆线消失；3条横沟均明显，均将中隆线割断，沟前区明显长于沟后区。

头胸侧面观：复眼卵形，眼后生有墨黑色纵带，达到前胸背板后缘。前胸背板中隆线隆起低；侧片后下角为直角。

后足：股节匀称，线条平滑，内、外侧绿色，膝部暗褐色；外侧上膝侧片顶端呈圆形，下膝侧片呈锐刺状。胫节绿色或青绿，其端半部的上侧两边缘明显地扩大，形如船桨。跗节爪间中垫长，超出两爪。

中华稻蝗

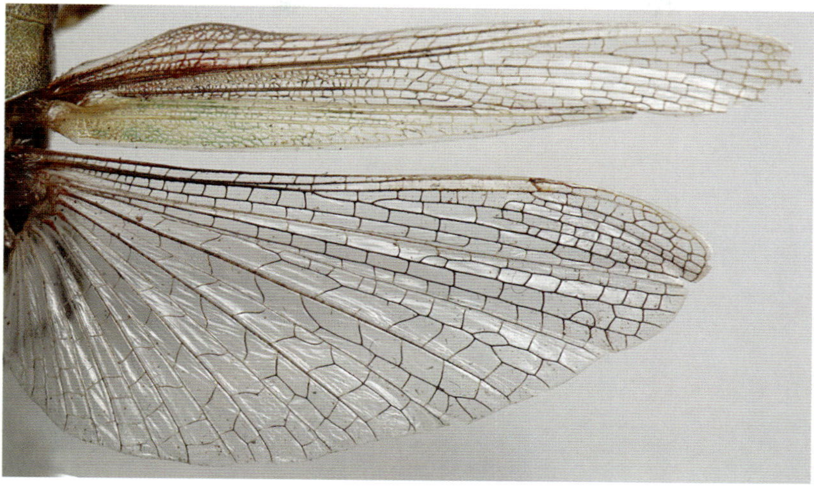

前后翅： 前翅绿色或褐色，端部翅脉具发音齿。后翅本色透明。

生殖器： 雄下生殖板为短锥形，尾须为长圆锥形，顶端较尖。雌产卵瓣细长，外缘具有短而整齐的齿。

中华稻蝗

（图为中华稻蝗大龄蝗蝻）

发生期： 北京一年发生1代。越冬卵5月中、下旬孵化，8月见成虫。

适生地： 喜欢在河岸边、湿地等低洼潮湿、近水边地带活动。

中华稻蝗和无齿稻蝗形态较接近，两虫区别有： 中华稻蝗雌下生殖板后缘中央具有1对小齿，而无齿稻蝗雌下生殖板后缘平滑无齿。

长翅素木蝗

背板中央一纵带，金黄条纹两侧生。

雄虫尾须弯向内，端粗中细似哑铃。

全身图： 体长为雄22.5~29.0 mm，雌32.5~41.5 mm，雌虫比雄虫体型粗壮。体色为褐色或黑褐色。头部高于前胸背板之水平线。前翅狭长，超过后足股节端部。

长翅素木蝗

拉丁学名： *Shirakiacris shirakii*

分类地位： 斑腿蝗科　黑背蝗亚科　素木蝗属

头胸背面观： 头部长度短于前胸背板，头顶端部圆形。前胸背板前缘平直，后缘为弧形；中隆线两侧具有两条鲜黄的纵带，纵带略弯曲，在后端逐渐淡去；3条横沟均明显且将中隆线微微割断，后横沟位于背板中部。

胸部腹面观： 前胸腹板突呈圆柱状，顶端钝圆。中胸腹板侧叶间中隔在中部略收缩，其长约等于最狭处的3倍。后胸腹板两侧叶在后端相接。

后足： 股节上侧中隆线有细齿；外侧常有一黑色纵条纹穿梭于羽状隆线间。胫节端半部红色，具刺9~10个，缺外端刺，刺端部黑色。跗节爪间中垫发达，长于两爪。

长翅素木蝗

前后翅：前翅顶端圆形，翅面上散布黑褐色斑点。后翅透明。

生殖器：雄下生殖板短锥形；尾须中部收缩，两端膨大，似哑铃，背观向内弯曲（小图）。雌虫上产卵瓣粗短，端部呈钩状（图中箭头）。

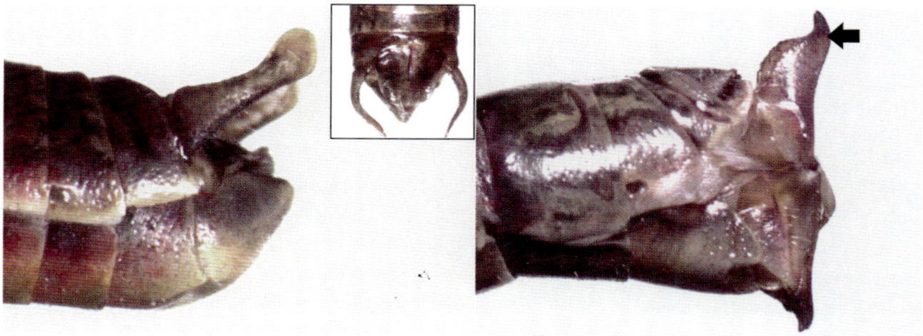

长翅素木蝗

（图为长翅素木蝗大龄蝗蝻）

发生期：北京一年发生1代。5月下旬越冬卵孵化，7月中旬见成虫。

适生地：常分布于湖河两岸、地势低洼易涝、植被较高密的地区。

网翅蝗科 Arcypteridae

科概述

体型小或者中等。触角丝状。

头胸背面观： 头顶前端缺细纵沟。

头胸侧面观： 头侧窝通常明显，为四角形。

胸部腹面观： 前胸腹板平坦。

前后翅： 该科大多数种类的前翅中脉域缺少中闰脉(见下图，素色异爪蝗)；如具有中闰脉，则脉上无音齿，且后翅无彩色斑纹。前、后翅长度在不同种类间差异大：有些发达，达到或者超过后足股节端部；有些缩短，仅达腹部中部左右；有些更短，呈鳞片状侧置；有些甚至消失。

后足： 股节外侧具羽状纹，上基片长于下基片。

该科蝗虫包括宽翅曲背蝗、素色异爪蝗和小翅雏蝗等。

宽翅曲背蝗

头顶钝角侧窝长，侧隆弯于中线旁。

雄虫前翅肘域宽，后足内侧音齿藏。

全身图：体长为雄23~28 mm，雌35~39 mm。体色为黄褐或黑褐色。触角丝状。前胸背板具有淡色“> <”形纹。雌虫前翅短，仅达腹中部左右。雄虫前翅较发达，长度接近后足股节端部。

宽翅曲背蝗

拉丁学名： *Pararcyptera microptera meridionalis*

分类地位： 网翅蝗科　网翅蝗亚科　曲背蝗属

头胸背面观： 头背具黑色“八”字纹，头顶顶端呈钝角。前胸背板前缘平直，后缘呈弧形略突出；中隆线和3条横沟均明显，仅后横沟在中部切断中隆线；侧隆线在沟前区向中部弯曲。

头胸侧面观： 复眼卵圆形。头侧窝（图a箭头）长方形，凹陷较深。前胸背板中隆线平直。鼓膜器发达，鼓膜片狭小，鼓膜孔半圆形（图b箭头）。

生殖器： 雄肛上板三角形，下生殖板短锥形。

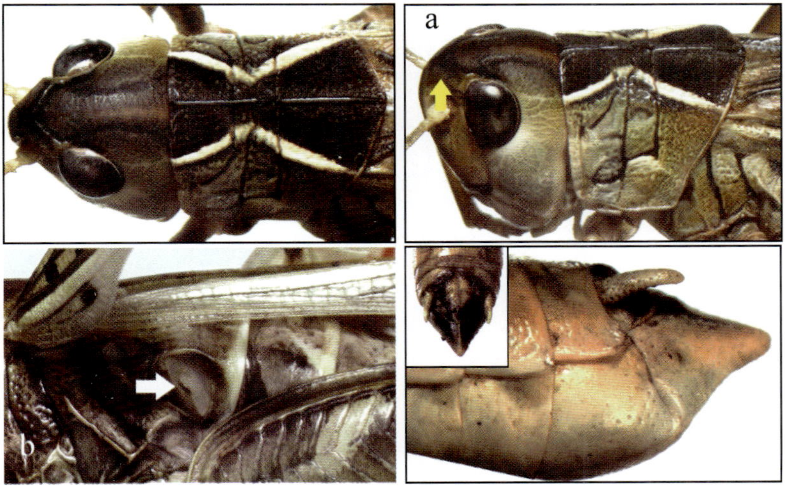

宽翅曲背蝗

后足：股节外侧黄褐色，具淡色斜纹；内侧玫瑰红色，上缘排列3条黑色短带，内侧下隆线具发音齿（图c箭头）；雄虫内、外侧下膝侧片黑色，端部呈圆形（图d、e）。胫节橙红色，基部淡色，具刺12~13个，缺外端刺。

宽翅曲背蝗

前翅：前翅翅脉间夹杂褐色斑块，中脉域缺中闰脉。雄虫前翅前缘脉域（箭头）最宽处为亚前缘脉域最宽处的2.5~3倍；肘脉域最宽处近2倍于中脉域最宽处。后翅近透明。

发生期：一年发生1代。5月初越冬卵孵化，6月上、中旬见成虫。

适生地：山坡草地、丘陵等高燥环境。

素色异爪蝗

素色异爪蝗

雌虫翅短触角短，雄虫翅长触角长。

前翅前缘出鼓泡，后足两爪内爪长。

拉丁学名： *Euchorthippus unicolor*

分类地位： 网翅蝗科　网翅蝗亚科　异爪蝗属

全身图： 体长为雄13.1~17 mm，雌18.7~23 mm。体为黄绿色或褐色。雄、雌虫在形态上差别较大：雄虫触角丝状细长，远超过前胸背板后缘，前翅狭长，到达肛上板基部；雌虫触角刚到达前胸背板后缘，前翅仅到达腹中部（见上页图a，示雄成虫；上页图b，示雌成虫）。

头胸背面观： 头顶端部钝角形。前胸背板前缘较直，后缘圆弧形；中隆线明显，在中后部被后横沟割断；侧隆线在沟前区近平行，在沟后区远离。

头胸侧面观： 复眼卵形。头侧窝四角形，长为宽的2~4倍。前胸背板中隆线低平。

素色异爪蝗

前后翅：前翅肘脉域最宽处接近中脉域的最宽处。雄虫前翅(图d)端部较尖，缘前脉域在基部明显膨大（箭头），脉域的长度不超过前翅总长的一半。雌虫后翅（图c）的长度明显短于前翅。

c

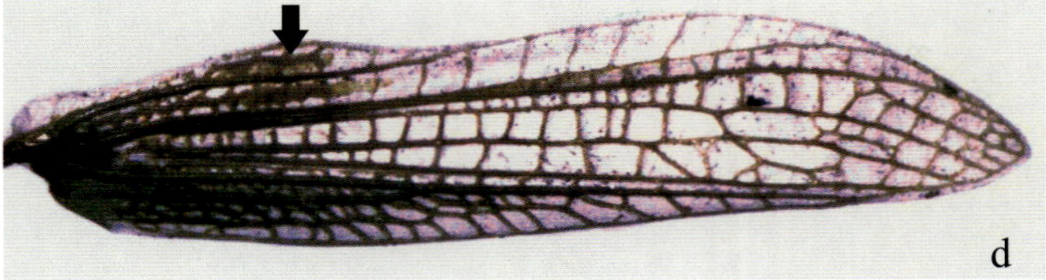

d

素色异爪蝗

后足：股节黄褐色，内侧下隆线具发音齿。胫节具刺11~12个，缺外端刺。跗节爪间中垫宽大，超过爪顶端。两爪不对称，内侧爪明显长于外侧爪。

生殖器：雄肛上板三角形，尾须锥形，下生殖板为细长锥形，顶端尖。雌尾须锥状，长度短于肛上板，产卵瓣在端部略弯曲，下生殖板后缘中央呈角形凸出。

发生期：一年发生1代。6月下旬见成虫。

适生地：常栖息于草原等较湿润的草丛中。

小翅雏蝗

a

b

小翅雏蝗

侧窝狭长四角形，背板侧隆朝内倾。

前翅中脉域宽大，雌翅短缩鳞片形。

全身图：体长为雄9~15 mm，雌14~22 mm。体色有褐色、绿色。雄成虫触角细长，远超过前胸背板后缘,前翅到达肛上板基部；雌成虫触角较短，略达到前胸背板后缘，前翅鳞片状，侧置，端部仅到达腹部第3节背板后缘（见上页图a，示绿色型雌成虫；上页图b，示雄成虫）。

头胸背面观：前胸背板两侧隆线在沟前区呈弧形弯曲，在沟后区明显扩大；后横沟位于背板中部偏后，切断中隆线。

头胸侧面观：头侧窝呈狭长方形，长为宽的3倍。复眼卵形。

后足：股节黄褐色，端部黑色。跗节爪间中垫超过爪长一半。

小翅雏蝗

拉丁学名： *Chorthippus fallax*

分类地位： 网翅蝗科　网翅蝗亚科　雏蝗属

前翅： 前翅中脉域较宽，最宽处为肘脉域的5倍（图示雄前翅，箭头示中脉域）。

发生期： 北京一年发生1代。6月越冬卵孵化，8月见成虫。

适生地： 为植栖型蝗虫，常发生于植被较茂盛的草甸草原、禾草滩。成虫不能飞翔，行动迟缓。

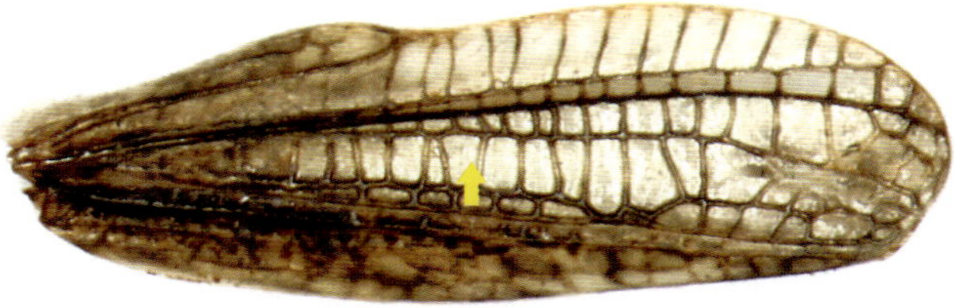

斑翅蝗科 Oedipodidae

科概述

体型为中小型到大型。触角丝状。前后翅多数发达，较远地超出后足股节端部。

头胸背面观： 头顶前端缺少细纵沟。

头胸侧面观： 前胸背板中隆线常较高地隆起，有时隆起非常强烈，呈屋脊状，如云斑车蝗；有时隆起较低，不明显，如大垫尖翅蝗。

胸部腹面观： 前胸腹板平坦，有时前缘略隆起，但隆起高度明显低于斑腿蝗科中的种类。

前后翅： 前翅翅面上有多变的斑纹和浓密的网格脉；中脉域一般具有明显的中闰脉，脉上有成列的音齿，可与后足股节内侧摩擦发音；如音齿退化，则后翅具有彩色斑纹（见下图，东亚飞蝗）。

后足： 股节外侧中部具羽状纹，上基片长于下基片。

该科蝗虫包括东亚飞蝗、云斑车蝗、花胫绿纹蝗、大垫尖翅蝗、亚洲小车蝗、黄胫小车蝗、疣蝗、蒙古束颈蝗、轮纹异痂蝗和红翅皱膝蝗等。

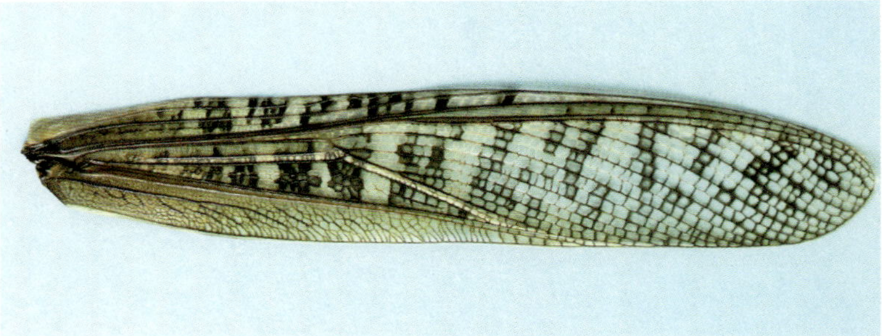

东亚飞蝗

东亚飞蝗

前翅中闰脉粗直，接近肘脉音齿状。

黄色晕圈泛后翅，后足上隆列锯齿。

拉丁学名： *Locusta migratoria manilensis*

分类地位： 斑翅蝗科　飞蝗亚科　飞蝗属

该虫有散居型（上页图a）和群居型（上页图b）之别。两者形态主要区别为：体色方面，群居型多为黑褐色、黄褐色；散居型多为绿色，也有褐色。前胸背板方面，群居型在沟前区明显缩狭，中隆线平直或中部略低凹，两侧具有明显的丝绒状黑色纵条纹；散居型在沟前区缩狭不明显，中隆线隆起较高，侧观呈弧形，两侧无明显的黑色纵条纹。

下面以东亚飞蝗散居型为例，进行多方位详述。

体长为雄32.4~48.1 mm，雌38.6~52.8 mm。触角丝状，较短，略超过前胸背板后缘。前翅发达，远远地超过后足股节端部。

生殖器： 雄肛上板三角形，腹部第10节背板后缘呈钝角形凹陷(图c箭头)，下生殖板短锥形，尾须长锥形。雌肛上板三角形，腹部第10背板后缘呈桥形凹陷（图d箭头），产卵瓣粗短，顶端略弯曲，上产卵瓣外缘光滑无齿。

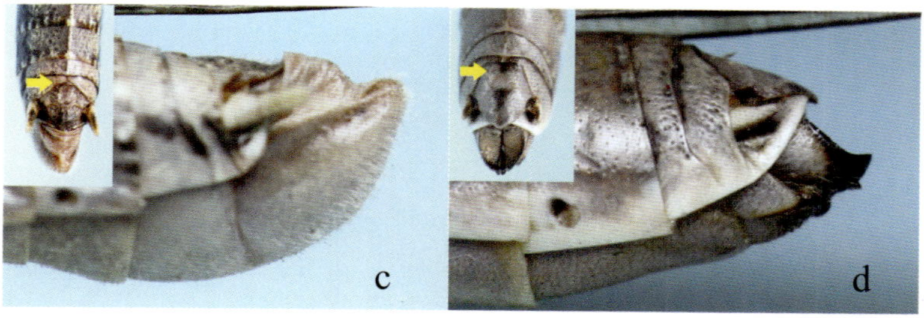

东亚飞蝗

头胸背面观：头顶中央凹陷。前胸背板前缘钝角凸出，后缘近直角；中隆线全长明显，在中前部被后横沟割断。

头胸侧面观：复眼长卵形，眼下沟和颜面侧隆线之间为暗色。前胸背板中隆线隆起较高。鼓膜器发达，鼓膜片较大，鼓膜孔呈狭缝状（图e）。

后足：股节上侧中隆线有明显的锯状齿，内侧上隆线和内侧下隆线之间在基半部为黑色。胫节橘红色或浅黄色，缺外端刺。

东亚飞蝗

前后翅：前翅褐色，其上散布许多暗色斑点，网格脉繁多；中脉域的中闰脉明显，居后靠近前肘脉，上面具有明显的发音齿。后翅本色透明，基部淡黄色。（小图箭头示放大后的中脉域中闰脉发音齿）

东亚飞蝗

（图从上到下分别为东亚飞蝗五、四龄蝗蝻）

发生期： 北京一年发生2代。夏蝗5月上旬孵化，6月上旬见成虫。秋蝗7月上、中旬孵化，8月上旬见成虫。

适生地： 喜欢活动于地势低洼、易涝易旱的湖泊河滩、黄泛区、荒草地。该虫群居型可大数量聚集，远距离迁飞。

云斑车蝗

背板中隆弯似弧，前后两缘如角凸。

前翅斑纹多变化，后翅黄晕横带裹。

全身图：雌、雄虫体型均较大，体长为雄28~30 mm，雌44~45 mm。体色多样，为绿色、枯草色、黄褐色和暗褐色。触角丝状。头部和前胸背板生有大理石状斑纹。前翅较远地超过后足股节端部。

云斑车蝗

拉丁学名： *Gastrimargus marmoratus*

分类地位： 斑翅蝗科　飞蝗亚科　车蝗属

头胸背面观： 前胸背板前缘近直角，后缘为锐角；中隆线被后横沟较浅地割断；板面上具有不明显的淡色“> <”形纹。

头胸侧面观： 复眼卵圆形，眼斜下方有一角形黑斑，后方有一狭窄的淡色纵条。前胸背板中隆线呈片状强烈地隆起，侧观呈弧形。

后足： 股节内侧和底侧污黄色，上侧中隆线具齿；内、外侧上、下隆线具有间断的黑色小短带。胫节鲜红色，基部饰有淡色环，具刺11~13个，缺外端刺。跗节爪间中垫刚超出爪中部。

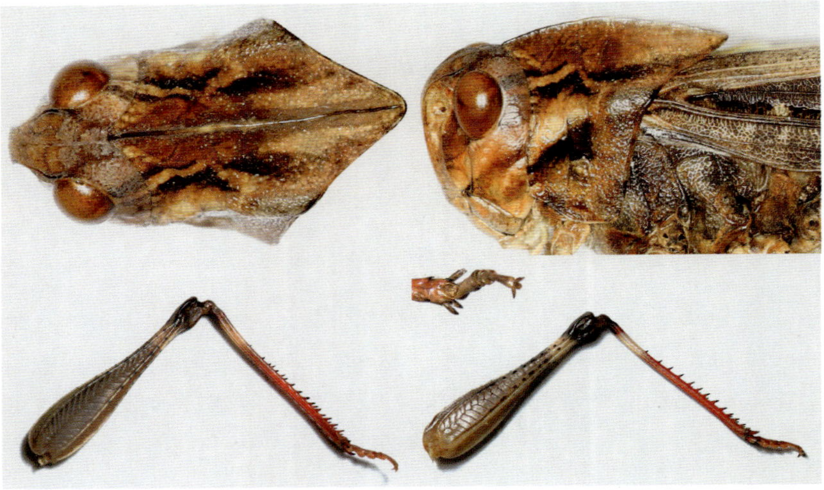

云斑车蝗

前后翅：前翅密布大小不一的暗色云状斑纹，中脉域的中闰脉明显隆起，接近中脉（图中箭头）。后翅基部鲜黄色，端部暗色，中部有一轮到达后翅后缘的暗褐色宽横带，其余部分本色透明。

云斑车蝗

(图为云斑车蝗褐色型雌成虫)

发生期：一年发生1代。5月越冬卵孵化，8月见成虫。

适生地：常栖于丘陵、盆地、平原及山区地带的草丛中。成虫具有较强的飞翔能力，可短距离觅食、寻偶。

花胫绿纹蝗

花胫绿纹蝗

花开于胫节，三色黄蓝红。

绿生于翅缘，色纯且形细。

花由绿叶衬，名从二者出。

全身图： 体长为雄18~22 mm，雌25~29 mm。体常为褐色（图c），也有绿色（上页图a）、红色（上页图b）个体。触角丝状。前翅超过后足股节端部。

花胫绿纹蝗

拉丁学名： *Aiolopus tamulus*

分类地位： 斑翅蝗科　斑翅蝗亚科　绿纹蝗属

头胸背面观： 头顶棱角分明，呈三角形，顶端为锐角。前胸背板中隆线全长明显，两侧具发散状黄色条纹；3条横沟均明显，仅后横沟在中前部将中隆线割断。

头胸侧面观： 复眼卵形。头侧窝近梯形（小图箭头）。前胸背板中隆线隆起低。

后足： 股节内侧基半部黑色，端半部有两个淡色横带；底缘红色。胫节有三色，端部红色，中部蓝黑色，基部淡黄色，具刺10~11个，缺外端刺。

花胫绿纹蝗

前后翅： 前翅前缘脉域基部有一条明显的鲜绿色或黄褐色纵条纹(黑色箭头)；中脉域的中闰脉（白色箭头）明显，其顶端接近中脉。后翅基部黄绿色，外缘暗色。

生殖器： 雄下生殖板短锥形，尾须长锥状。雌上、下产卵瓣端部略弯曲，尾须短锥状。

花胫绿纹蝗

（图为花胫绿纹蝗大龄蝗蝻）

发生期：一年发生1~2代。第1代4月下旬越冬卵孵化，6月初见成虫。第2代7月上、中旬孵化，8月上、中旬见成虫。

适生地：常发生于农田、路边、沟渠的杂草丛生处和低洼内涝地带。

大垫尖翅蝗

大垫尖翅蝗

头顶凹陷顶端圆，侧窝三角置两边。

后足股节红底边，中垫过爪中部延。

全身图： 体长为雄13.7~15.6 mm，雌20.0~24.7 mm。体为暗褐、黄褐色或黄绿色。触角丝状。前翅较远地超过后足股节端部。该虫前胸背板的纹路在个体间变化较多：有些个体背板纵条纹很明显，为红色(上页图a)或黄色(图c)；有些个体纵条纹暗褐色，被斑点覆盖，较难辨出(上页图b)。

大垫尖翅蝗

拉丁学名： *Epacromius coerulipes*

分类地位： 斑翅蝗科　斑翅蝗亚科　尖翅蝗属

头胸背面观： 头顶中央凹陷，顶端圆形。前胸背板前缘直，后缘钝角形，具不明显的“> <”形纹；3条横沟均明显可见，仅后横沟在中前部切断中隆线。

头胸侧面观： 头侧窝为三角形。复眼卵圆形。颜面向后倾斜，与头顶呈锐角。前胸背板中隆线略隆起。

后足： 股节外侧下隆线生有数个黑色短带，内侧在中部和端部具有两个黑色横斑，底侧为玫瑰红色。胫节淡黄色，基部、近中部和端部各有一黑色环纹，具刺10~11个，缺外端刺。跗节爪间中垫超过爪之中部。

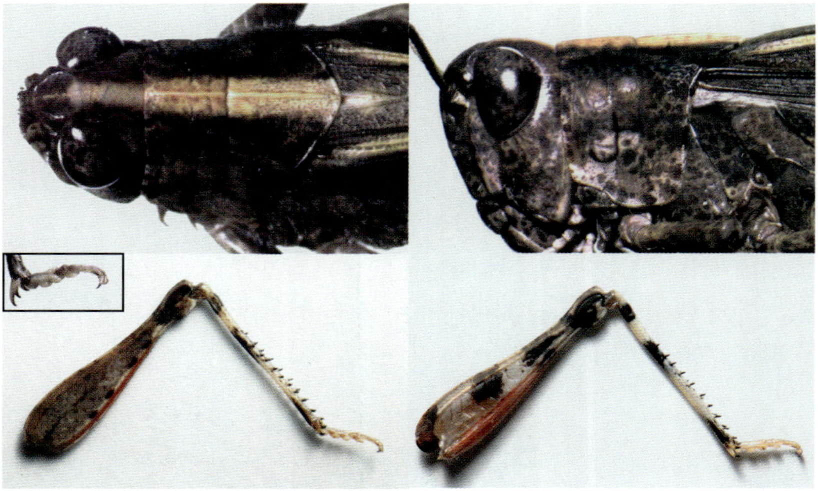

大垫尖翅蝗

前后翅： 前翅中脉域的中闰脉（图中箭头）与中脉平行。后翅近透明。

生殖器： 雄下生殖板短舌状，尾须为长柱形。雌上产卵瓣较细，端部呈钩状弯曲。

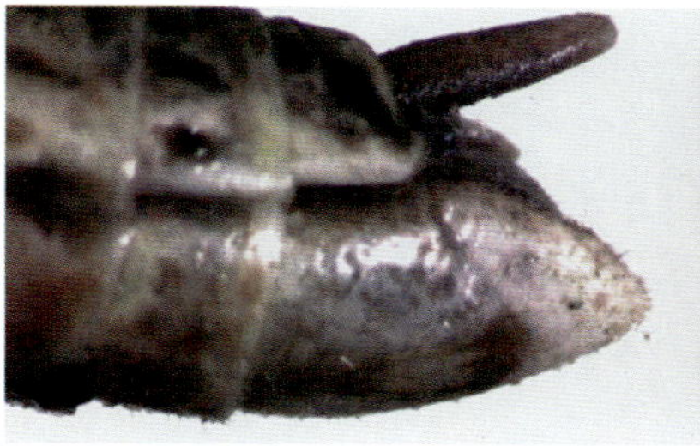

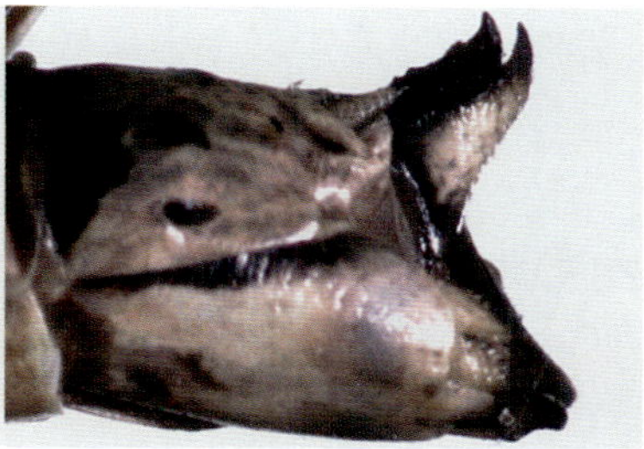

大垫尖翅蝗

（图为大垫尖翅蝗雌成虫）

发生期： 一年发生1～2代。第1代在5月上中旬越冬卵孵化，6月上、中旬可见成虫。第2代7月中、下旬越冬卵孵化，8月上、中旬见成虫。

适生地： 常发生在土壤潮湿、地面反碱、植被稀疏的环境中，如湖滨、河流两岸低洼地、低湿草地等。

小垫尖翅蝗、甘蒙尖翅蝗与该虫形态很接近，区别在于： 大垫尖翅蝗跗节爪间中垫较长，超过爪之一半，后足底侧玫瑰红色；而另两种蝗虫的跗节爪间中垫狭小，未超过爪之一半，后足底侧非玫瑰红色。

亚洲小车蝗

背板生有淡色纹，四面发散十字出。

前翅中间列音齿，后翅中部划轮弧。

全身图：体长为雄18.5~22.5 mm，雌28.1~37.0 mm。体有暗褐色和黄绿色之别。体表具有杂乱的黑色、褐色斑纹。触角丝状。前翅较远地超过后足股节端部。

亚洲小车蝗

拉丁学名： *Oedaleus asiaticus*

分类地位： 斑翅蝗科　斑翅蝗亚科　小车蝗属

头胸背面观： 头顶端部凹陷。前胸背板前缘略凸出，后缘为圆弧形；中隆线两侧各有一黑色纵条，上面出现淡色“> <”形纹。该纹由4条宽度接近的条纹组成，在沟前区两条纹的开口小于沟后区的。

头胸侧面观： 复眼卵形，眼下具角形斑。前胸背板中隆线隆起较高。

后足： 股节外侧有3条黑色斜纹，内侧有宽、窄两黑斑，膝部黑色。胫节红色，基部掺杂黄褐色，缺外端刺。跗节爪间中垫的长度超过爪之中部。

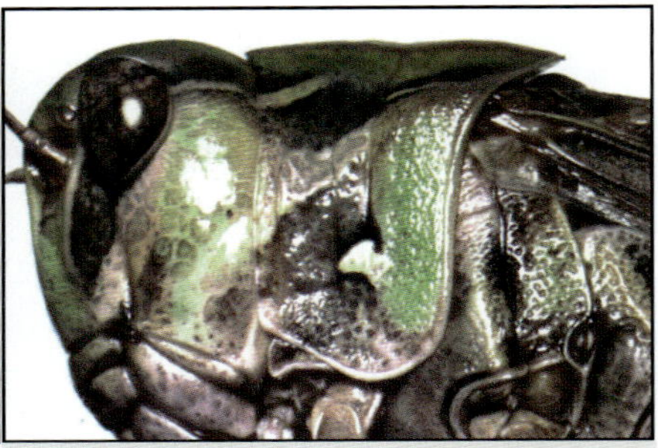

亚洲小车蝗

前后翅：前翅基半部有2块大暗斑；中脉域中闰脉（图中箭头）明显，居于脉域中部，其上音齿发达，可与后足内侧隆线摩擦发音。后翅基部淡绿色，中部有一轮未到达后翅后缘的暗色横带。

发生期：一年发生1代。5月中、下旬越冬卵孵化，7月可见成虫。

适生地：为地栖性蝗虫，常活动于植被稀疏、地面裸露的向阳坡地、板结的沙质土地、草原。

黄胫小车蝗

前翅色暗多斑点，后翅中部车轮罗。

两性后足颜色异，雄为红色雌黄褐。

全身图： 体长为雄20.5~25.5 mm，雌29.0~35.5 mm。体暗褐色、绿褐色、草绿色，斑纹错综复杂。触角丝状。前翅较远地超过后足股节端部。

黄胫小车蝗

拉丁学名： *Oedaleus infernalis*

分类地位： 斑翅蝗科　斑翅蝗亚科　小车蝗属

头胸背面观： 头顶宽短，略低凹。前胸背板自前缘发出两条黑色纵带，其上出现白色“> <”形纹。该纹在深褐色映衬下很明显， 由4个条纹组成：沟前区两条纹较细，开口较小；沟后区两条纹较粗，开口较大。

头胸侧面观： 复眼卵形。前胸背板中隆线略隆起，侧片后缘黑白相间。

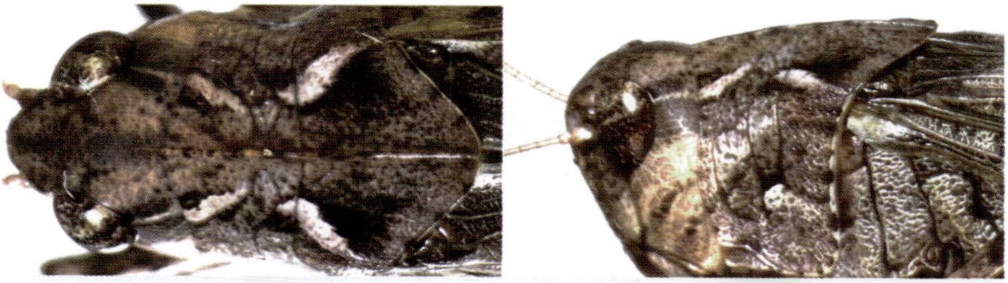

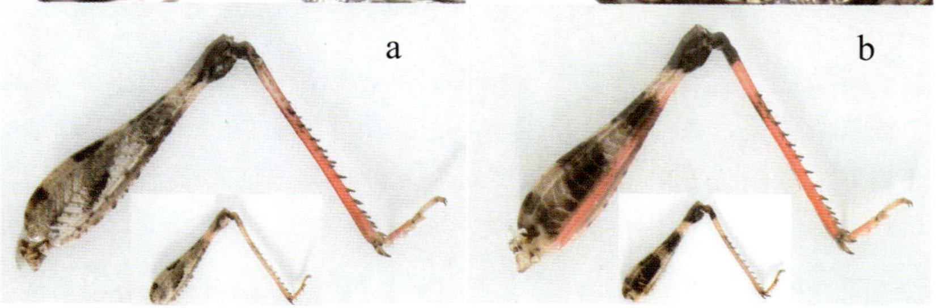

后足： 股节内侧在中部和端部各具1个黑斑，膝部黑色。雄虫后足（图a、b大图）和雌虫后足（图a、b小图）在颜色上存在差异：股节内侧下缘在雄虫为红色，在雌虫为黄褐色；胫节在雄虫为红色，在雌虫为黄褐色。

黄胫小车蝗

前后翅：前翅散布形状各异的暗色斑块；中脉域的中闰脉（图中箭头）明显，其上具发音齿。后翅在基部淡黄色，中部有一轮到达后翅后缘的暗色狭横带（宽度狭于亚洲小车蝗后翅之横带）。

生殖器：雄下生殖板短锥形，尾须圆柱状。雌产卵瓣粗壮，端部略弯曲。

黄胫小车蝗

（图为黄胫小车蝗大龄蝗蝻）

发生期：一年发生1代。5月下旬越冬卵孵化，6月下旬见成虫。

适生地：常发生于草原、山坡地、田间地埂、荒地、堤岸边等地。成虫跳跃、飞翔能力较强，可以近距离逃逸、扩散觅食和寻偶，不远距离迁飞。

亚洲小车蝗、黄胫小车蝗形态较接近，区别为：前者复眼下方具有角形斑，而后者没有；前者前胸背板4条淡色条纹的宽度彼此接近，而后者沟后区两条纹明显粗于沟前区的；前者后翅暗色横带不到达后翅后缘，而后者的到达。

疣　蝗

生性爱伏土，背顶两角突。

周身色相近，复眼难辨出。

股节黑白配，胫节斑纹出。

土蝗谁最是？非疣蝗莫属。

全身图：体长为雄11.7~16.9 mm，雌15.0~26.0 mm。体为灰褐色或暗褐色。体表粗糙，密布小突起、斑点。胸、腹、足长有许多绒毛。触角丝状。前翅较长地超过后足股节端部。

注：“土蝗”是一种俗称，泛指除飞蝗等迁飞性蝗虫以外的其他蝗虫。

疣　蝗

拉丁学名： *Trilophidia annulata*

分类地位： 斑翅蝗科　斑翅蝗亚科　疣蝗属

头胸背面观： 前胸背板在后横沟以前收缩，以后渐宽；前缘略凸出，后缘近直角。

头胸侧面观： 复眼卵形。前胸背板中隆线隆起较高，被中、后横沟较深地割断，形成两个角状突起。

后足： 股节内侧黑色，端半部有两个淡色横带。胫节黑色，基部和中部各有一淡色环，具刺8~9个，缺外端刺，刺顶端黑色。跗节爪间中垫小，长度短于爪之中部。

疣 蝗

（图为疣蝗大龄蝗蝻）

生殖器： 雄下生殖板短锥形，尾须锥状。雌产卵瓣粗短，尾须短锥状。

发生期： 一年发生1代。8月见成虫。

适生地： 常活动于山坡地、沙砾地、沟渠边及荒草地。

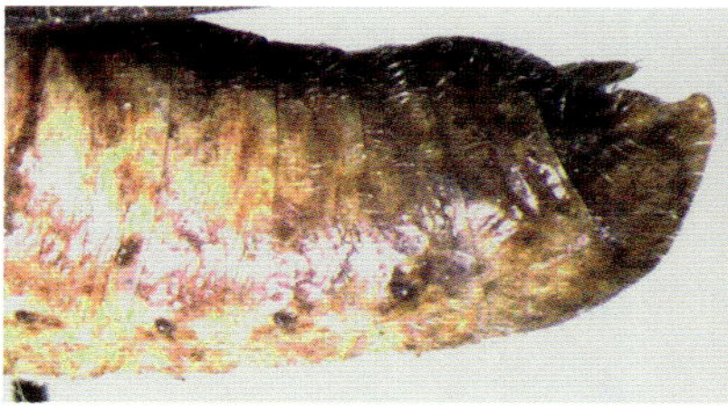

蒙古束颈蝗

投身砂石地，耳濡目染，亦塑砂石态。
背板三沟现，沟前收束，沟后尽开阔。
前翅中闰曲，后翅蓝晕，中部划轮纹。
前足色相间，后足亮丽，白胫套蓝环。

全身图：体长雄17~20.9 mm，雌26.4~27.6 mm。体灰褐色、黄褐色，体表粗糙，散布斑点。触角丝状。前、中足在胫节、股节处明暗相间。前翅较远地超过后足股节端部。

蒙古束颈蝗

拉丁学名： *Sphingonotus mongolicus*

分类地位： 斑翅蝗科　斑翅蝗亚科　束颈蝗属

头胸背面观： 前胸背板前缘中央略凸出，后缘钝圆形；中隆线细弱，被3条横沟割断；沟前区明显收束，沟后区较宽阔，后者长度为前者的2倍。

头胸侧面观： 复眼卵形。前胸背板中隆线隆起低。

后足： 股节内侧黑蓝色，端部有一淡黄色横纹。胫节近中部有一蓝色环带，胫节刺基部白色，端部黑色。跗节爪间中垫短小，未及爪之一半。

蒙古束颈蝗

前后翅： 前翅中脉域的中闰脉（图中箭头）较弯曲，在端部接近中脉。后翅基部淡蓝色，其内纵脉也为蓝色；自前缘中部发出较粗的暗色横带，横带两端窄，中部宽，不到达后翅内缘和后缘。

发生期： 一年发生1代。7月可见成虫。

适生地： 为地栖性蝗虫，常在沙砾地、荒滩沙地、沙石道路上活动。

轮纹异痂蝗

前翅中闰脉细弱，后翅纵脉基部膨。

后足音齿端半列，外下膝片底直平。

全身图：体长为雄24.8~30.1 mm，雌36.2~38.0 mm。体暗褐色，表面粗糙，散布黑、白斑点。触角丝状。前翅较远地超过后足股节端部。

轮纹异痂蝗

拉丁学名：*Bryodemella tuberculatum dilutum*

分类地位：斑翅蝗科　异痂蝗亚科　异痂蝗属

头胸背面观：头顶宽短。前胸背板前缘略凸出，后缘为钝角形；中隆线明显，被后横沟较深地割断，侧观可见切割形成的小凹口；沟后区较宽阔，其上散布短棒状隆线，其长度为沟前区的2倍。

头胸侧面观：复眼卵形。头侧窝近圆形。前胸背板中隆线在沟前区略呈片状隆起。

后足：股节在外侧具有3个黑斑，中部的黑斑较明显；内侧近端部有一黄色斑纹，其余大部分为黑色；外侧上隆线在端半部具发音齿，音齿有向端部逐渐变大的趋势；外下膝侧片下缘近平直。胫节污黄色，缺外端刺。

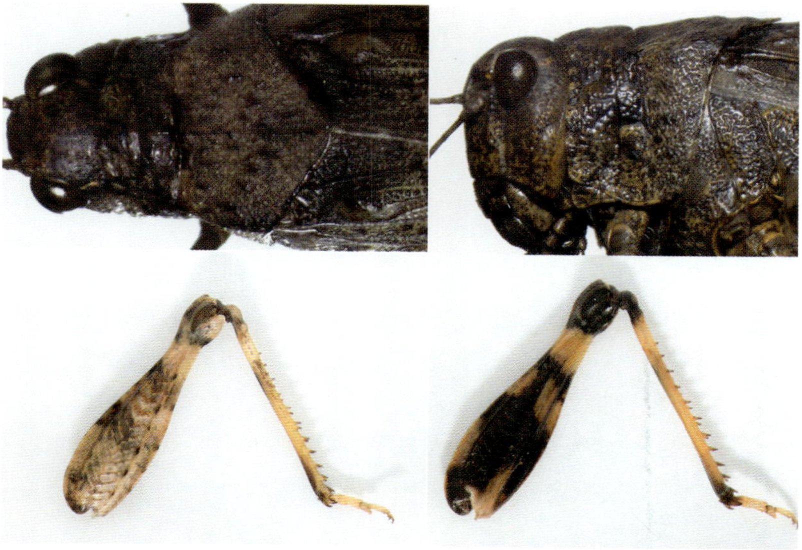

轮纹异痂蝗

前后翅：前翅散布许多不规则黑斑点；缘前脉域较宽大，中脉域的最宽处与肘脉域的最宽处接近；中脉域具有较细弱的中闰脉（图中箭头），靠近中脉，其上音齿退化。后翅基部玫瑰红色，中部有一轮暗色横带，部分纵脉膨大加粗。

发生期：一年发生1代。5月越冬卵孵化，6月下旬可见成虫。

适生地：主要发生于草原、山地、丘陵。

红翅皱膝蝗

前翅中间隆且粗，后翅泛红音齿伏。

后足胫节基膨大，条条细线平行出。

全身图： 体长为雄23~29 mm，雌28~32 mm。体黄褐或浅绿色，散布黑色斑点。触角丝状。前翅发达，远远地超过后足股节端部。

红翅皱膝蝗

拉丁学名： *Angaracris rhodopa*

分类地位： 斑翅蝗科　痂蝗亚科　皱膝蝗属

头胸背面观： 前胸背板沟前区较狭，沟后区较宽，具有粗糙粒状突起和短隆线；前缘略凸出，后缘呈直角；中隆线明显，被后横沟在中前部较深地割断。

头胸侧面观： 复眼卵形。头侧窝三角形。前胸背板中隆线略隆起，可见被横沟切割形成的凹口。

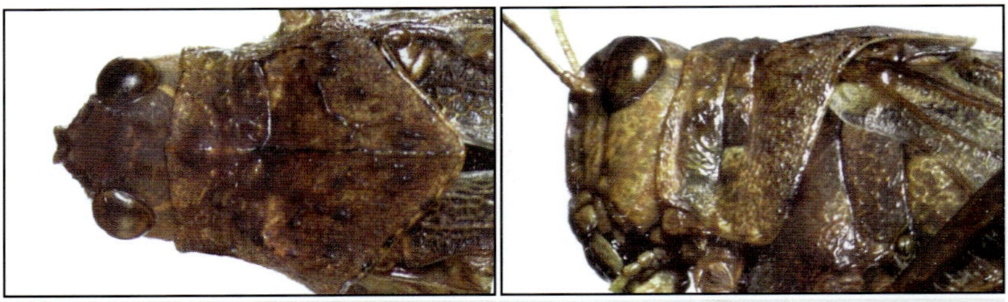

后足： 股节外侧具有3个不明显的暗色横斑；内侧黑色，在端半部有两个淡色横斑。胫节橙红色或黄色；基部呈圆形膨大，具有平行隆线（小图箭头）；无外端刺。

红翅皱膝蝗

前后翅：前翅密布暗色小斑点；中脉域的中闰脉（大图箭头）粗壮，靠近中脉；肘脉域宽大，其最宽处近2.5倍于中脉域最宽处。后翅基部玫瑰红色，前缘脉呈“S”形弯曲；部分翅脉加粗且呈红色，背面具有发音齿（图a箭头），可与后足胫节基部膨大处的隆线和股节上侧中隆线摩擦发音。

发生期：一年发生1代。5月下旬越冬卵孵化，6月见成虫。

适生地：常活动于植被稀疏的山坡和草原。

拉丁学名索引

参考文献

[1]夏凯龄，毕道英，等．中国动物志：昆虫纲第四卷．北京：科学出版社，1994．

[2]郑哲民，夏凯龄，等．中国动物志：昆虫纲第十卷．北京：科学出版社，1998.

[3]印象初，夏凯龄，等．中国动物志：昆虫纲第三十二卷．北京：科学出版社，2003．

[4]李鸿昌，夏凯龄，等．中国动物志：昆虫纲第四十三卷．北京：科学出版社，2006．

[6]刘举鹏．中国蝗虫鉴定手册．西安：天则出版社，1990．